驾驭大数据

TAMING THE BIG DATA TIDAL WAVE
FINDING OPPORTUNITIES IN HUGE DATA STREAMS
WITH ADVANCED ANALYTICS

【美】Bill Franks 著

黄海 车皓阳 王悦 等 译　　张锦沧 张新宇 张琦 审校

U0342829

人民邮电出版社
北京

图书在版编目（ＣＩＰ）数据

驾驭大数据 / （美）弗兰克斯（Franks, B.）著；黄海等译. -- 北京 ： 人民邮电出版社，2013.1（2018.5重印）
ISBN 978-7-115-30480-3

Ⅰ.①驾… Ⅱ.①弗… ②黄… Ⅲ.①数据处理
Ⅳ.①TP274

中国版本图书馆CIP数据核字(2012)第298152号

驾驭大数据

- ◆ 著 [美] Bill Franks
  译 黄 海 车皓阳 王 悦 等
  审 校 张锦沧 张新宇 张 琦
  责任编辑 杨海玲
  执行编辑 赵 越

- ◆ 人民邮电出版社出版发行 北京市丰台区成寿寺路 11 号
  邮编 100164 电子邮件 315@ptpress.com.cn
  网址 http://www.ptpress.com.cn
  固安县铭成印刷有限公司印刷

- ◆ 开本：700×1000 1/16
  印张：16.75   2013 年 1 月第 1 版
  字数：246 千字   2018 年 5 月河北第 12 次印刷
  著作权合同登记号 图字：01-2012-7920 号

ISBN 978-7-115-30480-3

定价：49.00 元

读者服务热线：(010)81055410 印装质量热线：(010)81055316
反盗版热线：(010)81055315
广告经营许可证：京东工商广登字 20170147 号

内容提要

本书提供了处理大数据和在企业中培养创新和探索文化所需的工具、流程和方法，描绘了一个易于实施的行动计划，以帮助企业发现新的商业机会，实现新的业务流程，并做出更明智的决策。

本书重点介绍了如何驾驭大数据浪潮，并详细地介绍了什么是大数据，大数据为什么重要，以及如何应用大数据。本书还从具体实用的角度，介绍了用于分析和操作大数据的工具、技术和方法；以及从人才和企业文化的角度，介绍了如何使分析专家、分析团队以及所需的分析原则更加高效，如何通过分析创新中心使得分析更加具有创造力，以及如何改变分析文化。

本书适合对数据处理、数据挖掘、数据分析感兴趣的技术人员和决策者阅读。

对本书的赞誉

这本书关注了它应该关注的地方，主要关注大数据的有效分析，而不是大数据管理（BDM）。它从数据讲起，并进一步讲到如何制定决策，如何创建卓越的分析中心，以及如何建立分析文化。你将可以发现关于大数据管理的一些话题，但是，大量的内容是关于如何创建、组织、补充、执行那些使用数据作为输入的分析活动。

——Thomas H. Davenport，国际数据分析研究所联合创始人、研发总监

这是一本一站式手册，任何想要了解大数据是什么，以及如何通过高级分析流程和方法驾驭大数据的人都应该阅读它。Bill Franks 深刻理解了如何创建一个完整的、意在竞争中获得优势的分析生态系统，并在本书中对其进行了详细描述。

——Stuart Aitken，美国 dunnhumby 公司首席执行官

在《驾驭大数据》中，Bill Franks 很好地介绍了可以产生新商业价值的大数据和分析类型，而这些价值将从正在被大数据浪潮冲击的企业所掌握的新型大数据源中获得。这本书很容易阅读，在每章的末尾都有"本章小结"来帮助你进行总结。这本书还避免使用过于专业的技术术语，但本书绝不是一本轻量级书籍。在这本很棒的大数据入门书中，Bill 为分析创新和从现在开始做大数据分析提供了强大的案例。

——James Taylor，Decision Management Solutions 公司首席执行官

Dicision Management Systems: A Practical Guide to Using Business Rules and Predictive Analytics 作者

如果你想要了解为什么在许多行业中，大数据都可以产生商业价值，那么，这本书将为你提供多个视角和多种答案——从高科技，到数据科学，到业务用户和流程等。在我整个分析的研究和教学生涯中，我从没遇到过这样一本书，能将信息技术与公司业务以如此简洁的方式结合到一起。我推荐任何与大数据有交集的人都阅读本书。

——Diego Klabjan，美国西北大学教授

Master of Science in Analytics Program 负责人

Bill Franks 以一种寓教于乐的方式来讨论这个复杂的主题。他为从业人员和新手们提供了他对大数据最真实的理解和远见卓识，这使得本书成为一本重要的读物，任何分析领域的新手和从业人员都可以通过本书向分析行业的领导者学习。Franks 跨多个行业的见解，以及他对大数据的驾驭，都证明了他是带领你进入大数据分析领域最好的领路人。

——Richard Maltsbarger，美国劳氏公司高级战略副总裁

驾驭未来的价值发现之旅

这不仅是数据爆炸的时代，更是一个大数据爆发的时代。面对大数据的激流，多元化数据的大量涌现，大数据已经为个人生活、企业经营，甚至国家和社会都带来了机遇和影响。

大数据的技术和市场正在快速发展，而驾驭大数据的呼声则一浪高过一浪。随着大数据所蕴含价值的激情释放，大数据已经成为 IT 信息产业中最具潜力的蓝海。但是，面对各种不同的大数据工具和解决方案，到底哪些才是技术核心，并能够带来真正的价值？

本书作者 Bill Franks 先生是 Teradata 天睿公司首席分析官，他将自己和 Teradata 在数据分析领域的知识和经验进行了总结，并带领我们迈上了大数据价值的发现之旅。我很荣幸率先阅读了本书的中文版，并郑重推荐给大家，同大家一起分享数据价值极致演绎的心得体会。

大数据的核心

麻省理工学院管理评论在"通往价值的新道路"研究报告中，总结了"顶尖绩效的公司使用正确分析挖掘方法和工具的使用率，与绩效较低的公司相比，高出了 5 倍。"美国全国保险公司客户管理副总裁 Kathy Koontz 女士指出："重要的不是数据，而是如何使用数据。企业必须改变它们的经营方式，学会从数据中洞察事实并做出反应，否则数据整理得再有条理，也没什么价值。"政府或企事业单位对于数据的驾驭，从最基本的获取，到整合、治理、分析、探索、汲取智能、采取精确的行动，这种全程能力的建立已经比以往任何时候更为重要。

所以，数据的核心是发现价值，而驾驭数据的核心是分析。我想强调一点，过去所谓"得数据者得天下"的说法，只是说明了"获取"数据的重要；然而，立身于大数据时代的我们，应该更加专注于数据的核心价值，如何转化和激发它的潜能，赋予它新的生命，创造出更多的业务提升机会，这才是真正的重点所在。

IDC 调研显示，中国的大数据市场未来 5 年将以 51.4% 的速度增长。正如书中所言"今天的大数据并非明天的大数据"，帮助政府和企业掌握驾驭大数据的能力就是帮助它们赢得未来。Teradata 天睿公司在帮助政府和企业进行大数据分析的过程中，倡导使用已经过无数次验证的 IDA 方法论，即通过对信息的整合（Integration）、探索（Discovery），并使其转化成行动（Action），最终帮助用户建立制胜未来的核心竞争力。

大数据的挑战和趋势

随着大数据浪潮的加速到来，未来 5 年将成为大数据的全面发展期，将出现产业链的整体繁荣。如何在大数据浪潮的洗礼中确保技术架构、人才、政府和企业战略以及商业模式能够"逐浪潮头"，将更需要积极主动地选择适合的技术、方法论、解决方案和发展策略等。

环顾整个市场，我们在某些领域已经取得了突破性进展，但仍然面临着大量挑战。例如，研发分析各种多元结构化数据的高效技术，提高大数据分析的易用性，让大数据分析技术实现"开箱即用"，使得数据分析成为政府和企业建立核心竞争力的关键途径。技术创新永无止境，面对快速增长的大数据，我们还需要处理"更大的数据"，激活"各种渠道、各种结构，过去、现在甚至未来的数据"的更大价值。

驾驭大数据就是驾驭未来

本书作者 Bill Franks 先生奉献出自己的智慧、见解和实践经验，帮助武装我们的思想和技能。

无论你是首席技术官、首席信息官和首席营销官，还是想成为更加优秀的业务分析师，本书将告诉你如何整合数据、探索数据，并转化为行动，并最终带来业务价值。书中不仅介绍了分析流程的演进、方法论、分析团队的组建，还有对建立分析文化的深入探究。我相信本书将成为大家应对大数据来袭的最佳工具书，成为你驾驭未来的技术指南，帮助你成为赢得蓝海的真正王者。

最后，我要感谢本书的原著作者 Bill Franks，感谢几位先期读者在百忙中为本书写下真知灼见的书评，感谢为中文版出版做出贡献的人民邮电出版社的领导、编审和各位译者，感谢 Teradata 天睿公司的技术和市场团队付出的日日夜夜，请相信你们的努力将会在我们的大数据价值发现之旅中绽放精彩。

辛儿伦

Teradata 天睿公司大中华区首席执行官

2012 年 12 月 12 日

序言

无论你是否喜欢，大量的数据都会在不久的将来涌入你的生活。也许它现在已经出现在你的生活中了，也许你已经与它们打了一段时间交道——例如，试图解决这些数据的存储问题以便后续的访问，处理错误和缺陷，或者将这些数据进行结构化分类。或许你现在准备通过分析庞大的数据集提炼出一些有价值的数据，进而从中得到一些关于你的客户、业务或者你的企业所处商业环境的信息。或许你还没有到这一步，但是你已经意识到了数据管理的重要性。

无论你属于上述哪种情况，你都找对了地方。正如 Bill Franks 所说，在不久的将来，不仅会有大数据，还会有许多关于大数据的书籍。但是，我觉得这本书不同于其他的大数据书籍。首先，该书是这个领域的先驱者。最重要的是，它与其他书籍侧重的内容有所不同。

很多大数据的书籍侧重于大数据管理：如何将大数据存储到数据库或者数据仓库中，或者如何将非结构化数据进行结构化和分类。如果你发现自己阅读到了很多关于 Hadoop、MapReduce 或者其他关于数据仓库方法的内容，那么你可能已经遇到了，或正在寻找一本"大数据管理（BDM）"的书籍。

当然，大数据管理是一项重要的工作。无论你有多少何种质量的数据，如果你不能将它们按照某种便于访问和分析的格式存储到一个环境中，那么你就无法体现出这些数据的价值。

但仅仅是大数据管理方面的知识还不能让你走得更远。为了让这些任意大小的数据变得有价值，你不得不自己分析和操作这些大数据。正如传统的数据库管理工具不能自动分析来自传统系统的交易数据一样，Hadoop 和 MapReduce 也不能自动解释来自网站、基因图谱、图像分析或者其他大数据源的数据的含义。即使在大数据时代到来之前，许多从事数据管理多年（甚至是几十年）的组织也没能从它们的数据中获取到便于分析和决策的有价值信息。

在我看来，这本书将重点放对了地方。它主要是关于大数据的有效分析，而不是大数据管理本身。它从数据开始，所有的内容均围绕如何做整体决策，如何构建卓越的数据分析中心，以及如何构建数据分析文化等主题。你也会发现一些大数据管理中提到的内容，但该书内容的主体仍是关于如何利用输入数据生成、组织、配置和执行数据分析。

或许你还没有意识到，分析在今天的商业领域中是一个很热门的话题。这本书将主要围绕公司如何利用分析进行竞争，我在该领域的著作和论文一直是我所有著作中最热门的内容。关于分析的会议也在各地不断涌现。大的咨询公司，例如，Accenture、Deloitte 和 IBM 已经在该领域积累了大量经验。许多公司、公共服务部门甚至非营利机构都已经将分析作为一个优先的战略。现在人们对大数据非常感兴趣，但是重点仍应该放在如何组织这些数据并使得它们便于分析，进而影响决策和行动。

Bill Franks 独创地将讨论重点放在大数据和分析的交集上。与其他数据仓库和数据应用供应商相比，他所在的公司 Teradata，在数据分析及从中提取商业价值的领域，一直都表现出了最高的专注程度。尽管 Teradata 最被人们熟知的是其企业数据仓库工具，但是这些年来，它也提供了一系列的分析应用工具。

在过去的一些年中，Teradata 为了开发面向大数据的高度可扩展的分析工具，已经和领先的数据分析软件供应商 SAS 建立了紧密的联系。这些工具通常是数据仓库环境的嵌入式分析工具，并针对大量数据分析应用，例如，实时欺诈检测和大规模客户购买倾向评分。Bill Franks 是 Teradata 的首席分析专家，因此有机会了解大规模分析和库内处理的理念和专业知识。如果讨论这个主题，可能没有比 Bill Franks 更好的人选了。

那么，本书还提供了哪些特别有趣且重要的内容呢？以下是关于本书重点的简要介绍。

- 第 1 章概述了大数据的相关概念，还解释了"数据的大小并不总是最重要的"这个观点。事实上，在整本书中，Franks 指出了许多大数据其实并没有用，如何过滤掉无效的数据才是真正重要的。

- 第 3 章是对大数据源的综述，将大数据源进行了创造性和有价值的分类，且非常全面。该书第 2 章介绍了网络数据及其分析，对希望了解在线用户行为的企业和个人会很有帮助。这部分内容绝不仅仅是一般的面向网页分析的报表。

■ 第 4 章致力于介绍分析可扩展性的演进，这部分内容为您提供了一个大数据和分析技术平台的全新视角。可以肯定的是，你在其他地方都未曾看到过这部分的内容。该章也讲述了最新的技术，例如，MapReduce，并讨论了大部分大数据分析工作都需要一个混合的环境。

■ 该书包含了一部分关于如何生成和管理分析数据环境的最新内容，这也是在其他地方看不到的内容。如果你想要了解最新的关于"分析沙箱"和"企业分析数据集"内容（这对我来讲也是全新的内容，但是现在我知道了它们是什么以及它们的重要性），那么你可以在第 5 章中找到答案。本章还包含了一些关于对管理系统和处理流程进行建模和评分的重要信息。

■ 第 6 章讨论了目前常用分析软件工具的类型，包含开源包 R。虽然很难找到关于这些不同分析环境优缺点的评价，但是本章中你将读到这些分析。最后，本章讨论了一些组合和简易分析的方法，以便于像我这样的非技术人员理解。

■ 该书的第三部分从技术角度给出了在分析中和企业管理方面的建议。同时，选取的角度也是很合理的。例如，我特别喜欢第 7 章中关于制定决策和发现问题的部分。许多分析专家进行分析时都没有考虑一个更大的问题——这些问题是如何产生的。

■ 近来有人问我，关于分析文化内容的描述是否超出了本书的范畴。我回答说，在我读 Franks 所写的第四部分之前，我并不知道这个问题的答案。他将分析文化和创新文化联系在了一起，这一点我非常喜欢，并且以前从未见到过此类内容。

尽管这本书并没有避开技术话题，但它以一种直接和解释性的方式对它们进行了描述。这使得本书适合更广泛的读者，包括那些技术背景有限的读者。Franks 使用数据可视化工具的论述借以概括整本书的基调和视角："简单即是最好的。仅当必要时，再把它变得复杂。"

如果您的企业打算进行分析工作——毫无疑问你将需要解决很多在这本书

中所涉及的问题。即使你不是一个技术人员，你也需要熟悉一些关于构建企业分析能力所涉及的内容。如果你是一个技术人员，你将学习到分析中人性化的一面。如果你正在书店或者通过"搜索本书内容"浏览本书的前言部分，那么买下这本书吧。如果你已经买了这本书，那就赶快行动起来，阅读它吧！

Thomas H. Davenport

信息、技术与管理领域杰出教授，美国巴布森学院

联合创始人、研发总监，国际数据分析研究所

前言

你收到一封邮件，邮件中提供了一套个人电脑的报价。而你几个小时前刚刚在这家零售商的网站上搜索过电脑的信息，似乎它们已经读出了你的想法……当你驱车前往这家商店购买这套个人电脑时，你路过了一家咖啡店，你看到了这家咖啡店的一条折扣信息。你获知由于你刚来到这片区域，你可以在未来 20 分钟内享受 10%的折扣……

在你享用咖啡的时候，你收到了一家制造商关于某产品的道歉，而你昨天刚刚在你的 Facebook 主页和这家公司的网站上抱怨了它们的产品……

最后，当你回到家之后，你又收到了一条关于购买你最喜欢的在线视频游戏升级装备的信息。有了这些装备，你才能顺利通过某些曾经苦苦挣扎的关卡……

听起来很疯狂吗？难道这些事情只有在很远的未来才发生吗？不，这些场景都是我们今天可能见到的！大数据、高级分析、大数据分析，似乎今天你已经逃脱不了这些术语了。无论在哪里，你都会听到人们在讨论大数据和高级分析，看到关于它们的文章或是宣传推销它们。好了，现在你也可以将这本书加入关于它们的讨论中了。

什么是真实的，什么是炒作？这些关注可能会使你怀疑大数据分析是一种炒作，而非真实的东西。尽管在过去的几年曾经有不少被炒作的概念，然而就分析能力和处理海量数据而言，我们确实处在一个转型的年代。如果你肯花一些时间来理清并过滤掉那些有时被媒体过分炒作的部分，你会发现大数据背后有一些非常真实和强大的东西。随着时间的推移，大数据分析会使企业和消费者都获益，而收益带来的兴奋和期待又会继续引发更多的炒作。

大数据是下一波新数据源的浪潮，并会驱动分析在商业、政府及教育界的下一次革新。这些革新将有可能快速改变企业审视它们自身业务的方式。大数据分析可以促成更加明智的决策，在某些情况下，促成这些决策的方式将明显不同于今天。它带来的很多洞察在今天看起来都像是在做梦。你会看到，征服大数据的需求和一直以来征服新数据源的需求在很大程度上是一致的。然而，大数据的额外规模必须使用新的工具、技术、方法和流程。传统的分析方法已经不再适用于新的环境，我们有必要使用高级分析将商业界带入更高的层次。这就是这本书要讲的内容。

"驾驭大数据"并不只是本书的书名，而是下一个十年中，决定哪些商业活动将振兴，而哪些商业活动将消亡的决定性因素。准备主动接受大数据，企业可以通过驾驭大数据浪潮而取得成功，而不是遭受大数据浪潮连绵不断的冲击。你需要了解些什么？你如何为征服大数据做准备？你如何从大数据中获得振奋人心的分析结果？坐下来，找一个舒服的姿势，准备好发现大数据的秘密！

读者对象

这些年来有无数关于高级分析的书籍问世，最近也开始有关于大数据的书籍出现。本书是从一个与其他书籍不同的角度来看大数据的，主要帮助读者理解什么是大数据，如何通过分析来利用大数据，以及在如今的大数据环境中，如何处理世界范围内的高级分析生态系统的创新和变革。大部分读者都将发现这本书有价值且充满趣味。无论你是分析专家，还是使用分析结果的企业家，或者只是对大数据和高级分析感兴趣的人，这本书都有适合你阅读的内容。

本书并不会深入介绍所涉及主题的技术细节。本书的技术高度刚刚能够让读者从高层次来理解其所讨论的概念。本书的目的是使读者可以理解，并开始运用这些概念，以及帮助他们认识在哪些方面还需要更加深入的研究。这本书更像是一本手册而非教科书，完全可以被非技术人员理解和掌握。同时，那些对这些主题已经有深入了解的读者，也可以从本书的一些讨论中获得一些技术方面更深层次的启示。

内容提要

本书由四部分组成，每一部分都从一个方面来介绍如何驾驭大数据。第一部分将介绍什么是大数据，大数据为什么重要，以及如何应用大数据。第二部分集中介绍那些能够用于分析和操作大数据的工具、技术和方法。第三部分介绍如何使分析专家、分析团队以及所需的分析原则更加高效。第四部分将前三部分结合在一起,重点介绍了如何通过分析创新中心使得分析更加有创造力,以及如何改变分析文化。以下是关于各章节所涉及内容的详细提纲。

第一部分 大数据的兴起

第一部分重点介绍了什么是大数据,大数据为什么重要,以及分析大数据可以带来什么好处。本部分覆盖了 10 种类型的大数据源,以及如何利用这些资源来帮助企业提高其业务水平。如果读者拿起这本书时,还不知道什么是大数据,以及大数据的应用有多么广泛,那么第一部分会帮助你了解这部分内容。

第 1 章 什么是大数据,大数据为什么重要

本章首先介绍了大数据的背景知识,以及大数据到底是关于什么的。然后给出了一些企业如何利用大数据的案例。如果读者想要帮助自己的企业驾驭大数据,那么请首先理解本章所讲的内容。

第 2 章 网络数据:原始的大数据

如今,或许应用最为广泛并为人们所熟知的大数据源是从网站上收集来的详细数据。用户浏览互联网所产生的日志信息,是等待分析和挖掘的信息宝库。不同行业的企业都将从它们网站上收集到的详细用户信息整合到它们的企业业务分析中。本章将探索这些数据是如何增强和改变一系列业务决策的。

第 3 章 典型大数据源及其价值

在本章中,我们将从高层次来探索 9 种大数据源。其目的是介绍每种数据源,并讨论每种数据源在商业中的应用和启示。一些本质相同的技术应用在不同的行业中,以产生多种大数据源,这个趋势已经越来越明显。另外,不同的行业可以利用一些相同的大数据源,大数据并非只能用于某些狭窄的领域。

第二部分 驾驭大数据:技术、流程以及方法

第二部分将集中介绍用于驾驭大数据的技术、流程以及方法。这些年取得的

重大进展增加了这 3 个方面的可扩展性。企业不能继续依赖外部的方法和专家来保持它们在大数据世界中的竞争力。本书的这一部分将是技术性最强的一部分，但仍然可以被绝大多数的读者所理解和接受。读完这些章节后，读者将熟悉他们今后进入大数据分析领域时可能遇到的一系列概念。

第 4 章　分析可扩展性的演进

在每一个时期，数据的高速增长使得当时最具可扩展性的工具也只能疲于应付。在大数据出现之前，传统的高级分析方法已经到达了它们的瓶颈。如今，传统的方法已经不再适用。本章将讨论分析和数据环境的融合、海量并行处理（MPP）体系、云、网格计算，以及 MapReduce 技术。这些技术增强了可扩展性，并且在大数据分析中扮演着重要角色。

第 5 章　分析流程的演进

为了更好地利用被极大增强的可扩展性，分析流程也需要进行升级。本章将首先概述如何利用分析沙箱为分析专家提供一个可扩展的环境，从而建立高级分析流程。然后，我们将介绍在创建分析数据时，企业分析数据库如何帮助我们获得更高的一致性并减小风险，同时提高分析专家的生产效率。本章最后将探讨如何使用嵌入式评分过程将高级分析流程部署和转移到用户端和应用端。

第 6 章　分析工具和方法的演进

本章将介绍一些高级分析方法演进的过程，以及这些改进将如何继续改变分析专家完成工作和处理大数据的方式。讨论的主题将包括可视化图形界面、单点分析解决方案、开源工具，以及数据可视化工具的演进。本章也讲述了分析专家将如何改变他们建模的方法，以便更好地利用可用资源。讨论的主题包括组合模型、简易模型以及文本分析。

第三部分　驾驭大数据：人和方法

第三部分重点讨论驾驭大数据的人和他们所属的团队，以及确保他们能够提供优质分析的方法。如何提供优质的分析，包括大数据分析，其关键因素是找到合适的人来掌舵，并且他们能够遵循正确的分析原则。读完这 3 章后，读者将了解优质分析、优秀的分析专家和分析团队的特质。

第 7 章　如何提供优质分析

计算统计结果、撰写报告、使用建模算法仅仅是实现优质分析众多步骤中的几步。本章首先阐述了一些定义，然后讨论了一系列关于如何创建优质分析的主题。大数据给企业带来了从未处理过的复杂数据组合，将本章讨论的原则牢记在心对驾驭大数据非常关键。

第 8 章　如何成为优秀的分析专家

数学、统计学以及编程方面的能力是必要的，但对于一个优秀的分析专家来说，仅仅具备这些技能还不够。优秀的分析专家还需要具备大多数人通常不会首先具备的特质。这些特质包括承诺、创造力、商业头脑、演讲能力与沟通技巧以及直觉。本章将探讨在寻找一个优秀的分析专家时，这些特质为什么非常重要且不能被忽视。

第 9 章　如何打造优秀的分析团队

企业如何打造一个高级分析团队，并使其发挥最优效果？把他们放在企业的什么位置最合适？这些团队如何运转？谁来创建高级分析？本章将讨论建立一个优秀的分析团队时必须考虑的一些常见挑战和原则。

第四部分　整合：分析文化

第四部分将介绍一些著名的基本原则，企业想利用高级分析和大数据进行成功创新必须遵循这些原则。尽管这些原则也被广泛地应用于其他领域，但我们的焦点和视角是这些原则将要如何应用于当前企业环境的高级分析中。读者可能已经比较熟悉所涉及的这些概念，但是对于如何将它们应用到高级分析和大数据中，也许还是很陌生的。

第 10 章　促进分析创新

本章从回顾一些成功创新背后的基本原则开始，然后通过分析创新中心的概念，将它们应用到大数据和高级分析中。我们的目标是能够让读者清楚地理解如何在企业中更好地促进分析创新，并驾驭大数据。

第 11 章　营造创新和探索的文化氛围

本章将介绍如何营造创新和探索的文化氛围作为本书的结尾。本章的文字有趣而轻松，并给如何营造出有利于促进创新分析的文化氛围留出了一些思考空间。这些涉及的原则被广泛地讨论，并被大家熟知。但是，这些原则仍然值得回顾，并且需要思考企业如何将这些确立的原则应用到大数据和高级分析中。

目录

第一部分

大数据的兴起

第1章

什么是大数据，
大数据为什么重要

在未来几年中，各种新的、强大的数据源会持续爆炸式地增长，它们将会对高级分析产生巨大的影响。例如，仅仅依靠人口统计学和销售历史来分析顾客的时代已经成为了历史。事实上，每一个行业中，都将出现或者已经出现了至少一种崭新的数据源。其中一些数据源被广泛应用于各个行业，而另外一些数据源则只对很小一部分行业和市场具有重大意义。这些数据源都涉及了一个新术语，该术语受到人们越来越多的议论，这个术语便是——大数据。

大数据如雨后春笋般地出现在各行各业中，如果能够适当地使用大数据，将可以扩大企业的竞争优势。如果一个企业忽视了大数据，这将会为其带来风险，并导致在竞争中渐渐落后。为了保持竞争力，企业必须积极地去收集和分析这些新的数据源，并深入了解这些新数据源带来的新信息。专业的分析人士将有很多的工作要做！将大数据和其他已经被分析了多年的数据结合在一起，并不是一件容易的事情。

本章首先介绍了大数据的背景、作用，然后从企业如何利用大数据的角度做了大量介绍。如果读者想要成功驾驭大数据，那么在理解本书其他部分的同时，需要更深刻地理解本章内容。

1.1 什么是大数据

关于大数据，业界并没有一个统一的定义，但却有几个一致的观点。有两份资料很好地诠释了大数据的本质。第一个定义来自于 Gartner 公司的 Merv Adrian

在 2011 年第一季度刊登在《Teradata Magazine》上的一篇文章。他说，"大数据超出了常用硬件环境和软件工具在可接受的时间内为其用户收集、管理和处理数据的能力。"[1]另一个定义来自于麦肯锡全球数据分析研究所（Mckinsey Global Institute）在 2011 年 5 月发表的一篇论文："大数据是指大小超出了典型数据库软件工具收集、存储、管理和分析能力的数据集。"[2]

这些定义暗示着大数据的界定会随着技术的进步而变化。以往的大数据或今天的大数据，在明天将不再是大数据。大数据的这个定义会使有些人感到不安。前面的定义又暗示着大数据的界定会随着行业甚至企业的不同而不同，因为它们所用工具和技术的处理能力可能大相径庭。我们将在本章的"今天的大数据将不再是明天的大数据"一节中对此展开更详细的讨论。

麦肯锡的论文中列举了一些有趣的事实，这些事实能够帮助读者认识今天的数据量是多么庞大。

- 在今天，花 600 美元可以买下一个存储了全球所有音乐的硬盘。
- Facebook 每个月都会有 300 亿条新信息被分享。
- 在美国 17 大行业中的 15 个行业，每个企业的平均数据量都超过了美国国会图书馆的数据量。[3]

● 大数据的"大"并不仅仅指容量

尽管大数据必然包含大量的数据，但是大数据并不仅仅指数据的容量。与过去的数据源相比，大数据的速度（例如，数据传输和接收的速度）、复杂度以及多样性都有所增加。

大数据并不是仅仅指数据的容量即数据量的大小。根据 Gartner Group 公司的定义，大数据的"大"也涉及大数据源的其他特征。[4]这些特征不仅仅包括不

---

[1]　Merv Adrian，"Big Data"，*Teradata Magazine*，1:11.

[2]　Mckinsey Global Institute, *Big Data：The Next Frontier for Innovation, Competition and Productivity*, May 2011.

[3]　Ibid.

[4]　CEO Advisory: "*Big Data*" Equals Big Opportunity，Gartner，March 31, 2011.

断增加的容量，还包括不断增加的速度和多样性。当然，这些因素也导致了额外的复杂度。这意味着当你在处理大数据时，你并不仅仅是拿到了一堆数据而已。大数据正在以复杂的格式，从不同的数据源高速地朝你奔涌而来。

所以，不难理解为什么我们要用浪潮来比喻涌向我们的大数据，以及为什么驾驭它们是一个挑战！企业的分析技术、流程和系统已经接近或者超越处理的极限了。我们必须利用最新的技术和方法开发更多的分析技术和流程，从而更加有效地分析和处理大数据。在本书中，我们将讨论所有这些主题，论证为什么驾驭大数据所付出的努力是值得的。

1.2　大数据中的"大"和"数据"哪个更重要

现在让我们先做一个小测验！在你继续阅读之前，请先停下片刻，并思考这个问题：术语"大数据"中，哪部分是最重要的？是（1）"大"，（2）"数据"，（3）二者同等重要，还是（4）都不重要？ 请花一分钟时间来思考这个问题，如果你已经锁定了自己的答案，请继续阅读后面的内容。同时，想象一下正在播放着"参赛者正在思考"音乐的游戏节目场景。

好了，既然你已经锁定了答案，让我们来看一下它是否正确。这个问题的答案应该选（4），其实"大"和"数据"都不是大数据中最重要的。根本而言，最重要的应该是企业如何来驾驭这些大数据。你的企业对大数据进行的分析，以及随之采取的业务改进措施才是最重要的。

无论如何，拥有大量的数据本身并不会增加任何价值。也许你拥有的数据比我拥有的数据多，可那又如何？事实上，拥有任何一个数据集，无论它们多大或者多小，其自身都不会带来任何价值。被收集来的数据如果从不使用，不会比存放在阁楼或地下室的垃圾更有价值。如果不投入具体的环境中并付诸使用，数据将毫无意义。对于任何大量或少量的大数据，大数据的威力体现在如何处理这些数据上。如何分析这些数据？基于这些洞察又将采取怎样的行动？如何利用这些数据来改变业务？

或许因为读了很多炒作大数据的文章，很多人开始相信正是由于大数据的大容量、高速和多样性，才使得它们比其他数据更具有优势且更重要。但这并不正确。正如我们将在本章后面"很多大数据其实并不重要"一节中所讨论的，在很多大数据中，毫无价值或者价值很小的内容所占的比例要比以往数据源中高得多。当你把大数据精简至实际需要的容量时，它们将不再显得如此庞大。但这并不重要，因为不管它是保持原始大小，还是被处理后变得很小，容量并不重要，重要的是如何处理它。

● **重要的不是它的容量，而是你如何使用它！**

　　当然，我们正在谈论的是大数据！我们并不关注大数据的数据量很大这样的事实，也不关注大数据确实会带来很多内在价值的事实。这些价值体现在你如何分析它们，并采取怎样的措施来提升你的业务。

　　当我们开始阅读本书时，第一个关键点是要记住大数据的数据量很大，而且大数据是数据。然而，这并不是使你和你的企业为之兴奋的原因。令人激动的部分在于，使用这些数据时采用的所有新的、强大的分析方法。后边我们将讨论到大量全新的分析方法。

1.3　大数据有何不同

　　大数据具有一些区别于传统数据源的重要特征。并非每个大数据源都具备所有这些特征，但是大多数大数据源都会具备其中的一些特征。

　　首先，大数据通常是由机器自动生成的。在新数据的产生过程中，并不会涉及人工参与，它们完全由机器自动生成。如果你分析一下传统的数据源，它们通常会涉及人工的因素。例如，零售业和银行交易、电话呼叫的详细记录、产品出货，或是发票付款。以上这些都会涉及某个人做某些事情，从而记录或生成一些数据。有人需要储蓄，有人需要采购，还有人需要打电话、发货和进行支付等。在每种情形中，总有一个人参与到新数据的生成流程中。在很多情况下，大数据并不是这样产生的。大量大数据源的产生根本不涉及与人的互动。例如，引擎中内置的传感器，即使没有人触摸或下达指令，它也会自动地生成关于周围环境的数据。

　　其次，大数据通常是一种全新的数据源，并非仅仅是对已有数据的扩展收集。例如，通过使用互联网，顾客可以与银行或零售商进行在线交易。然而，这些交易和传统的交易方式并没有本质上的差别，顾客仅仅是通过一种不同的渠道进行交易。企业可以收集网络交易数据，但是同他们多年来拥有的传统交易数据相比，这些数据仅仅是数量更多的相同类型数据而已。然而，对顾客在进行交易时的浏览行为进行收集，却产生了一种本质上全新的数据，我们将在第 2 章中对这类数据进行详细的讨论。

有时，"数量更多的相同类型数据"也可以达到另一个极端，从而变成一种新的数据。例如，或许很多年来都是人工方式读取你的电表。可以这样说，一个每隔 15 分钟自动读取用电数据的智能电表所产生的仅仅是更多"相同类型的数据"。然而，我们也有理由认为这种"数量更多的相同类型数据"已经不同于以前人工读取的数据，因为它可以使用一种全新的、更深层次的分析，所以它确实是一种新数据源。我们将在第 3 章讨论这种数据源。

再次，很多大数据源的设计并不友好。事实上，一些数据源根本没有被设计过！以社交媒体网站上的文本流为例，我们不可能要求用户使用一定标准的语法、语序或是词汇表。当人们发布信息时，你可以获得这些数据。处理这些时而规范，时而丑陋的数据是非常困难的事情。我们将在第 3 章和第 6 章中讨论文本数据。大多数传统数据源在设计之初都会尽量使其友好。例如，用于收集交易信息的系统通常会以整洁的、预先规范好的模板方式来生成数据，以确保数据容易被加载和使用。部分原因在于曾经对空间高效利用的需求，以前并没有空间记录其他的繁文缛节。

⬤ 大数据可能是凌乱而丑陋的

传统数据源通常在最开始就被严格地定义。数据的每一个比特都有重要的价值，否则就不会包含这个数据比特。随着存储空间的开销变得微乎其微，大数据源在最开始通常不会被严格地定义，而是去收集所有可能使用到的各种信息。因此，在分析大数据时，可能会遇到各种杂乱无章、充斥着垃圾的数据。

最后，大量数据可能并不蕴含大量的价值。事实上，大部分数据甚至毫无价值。一篇网页日志中会含有非常重要的数据，但其中也包含了很多根本没有价值的数据。对其进行提炼，从而保留有价值的部分是非常必要的。传统数据源在定义之初，就被要求所有的数据要百分之百有用。这主要是由于当时可扩展性的限制，在数据中包含一些不重要信息的代价是非常昂贵的。不仅数据记录的格式被预先定义过了，而且数据中的每一部分都包含了重要价值。而如今，存储空间已不再是主要的瓶颈。因此，大数据会默认收集所有可能使用到的信息，后面再去考虑这种做法可能带来的麻烦。这样可以保证所有信息都不会被遗漏，但同时也导致了分析大数据变得更加棘手和令人头痛。

1.4　大数据为何是数量更多的、相同类型的传统数据

作为一个获得了大量关注的新热点，各种关于大数据的言论接踵而至：大数据如何从根本上改变完成分析和使用大数据的方法。如果花一些时间去思考这个问题，你会发现事实并不是这样的。这又是一个被炒作得远离了事实的例子。

大数据的庞大和它们所提出的可扩展性问题并不是一个新话题。大多数新数据源在第一次使用时都会被认为是庞大而难以使用的。大数据仅仅是又一波新的、更大的、突破了当前极限的数据。分析专家能够驾驭传统的数据源，虽然存在瓶颈限制，他也将能够驾驭大数据源。毕竟一直以来，分析专家都在积极努力地探索新的数据源，并将继续探索下去。

谁是第一个开始在电信公司中分析电话详细记录的人？正是分析专家。我的第一份工作是做大型机磁带的客户流失分析。在当时，该分析的数据量是令人难以置信的。谁是第一个深入研究零售点销售数据并找出其中价值的人？是分析专家。起初，分析几千个商店中几万到几十万个商品的数据被认为是一个大难题。而如今，这已经不再是什么难题。

最早涉足这些数据源的分析专家在当时都会被认为是在处理无法想象的大量数据。他们必须找出在当时的瓶颈下分析和利用这些数据的方法。很多人怀疑其可行性，还有些人甚至质疑这些数据是否真的有价值。这听起来很像是今天大数据的情形，难道不是吗？

大数据并不会改变分析专家们正在努力做的事情和他们这样做的原因。即使有些人开始自称为数据科学家而非分析专家，他们的目标其实还是一样的。这些待解决的问题必然会涉及大数据，这和以前的情景没什么两样。最终，就像他们一直以来所做的事情，分析专家和数据科学家们还是会去探索新的、无法想象的庞大数据集，以发现一些有价值的趋势和模式。在本书中，我们会将传统分析专

家和数据科学家统一称为"分析专家"。我们将在第 7、8、9 章更详细地讨论这些专家。在这里要强调的是，大数据虽然听起来很陌生，但是对我们来说，它带来的挑战其实并不陌生。

你没有什么可畏惧的

从很多方面来讲，大数据并没有产生任何你的企业从未遇到过的问题。在数据分析的世界里，驾驭新的、突破了当前可扩展性极限的大数据源是永恒的主题。大数据仅仅是下一代的此类数据而已。分析师对于处理这些状况已经非常熟悉了。如果你的企业曾经驾驭过其他数据，那么它同样可以驾驭大数据。

大数据会改变分析专家的一些工作策略。为了更有效地处理大数据流，需要将新的工具、方法、技术和传统的分析工具结合起来。想要从原始大数据流中提炼出有用信息，需要开发复杂的过滤算法。同时，建模和预测流程也需要更新，我们需要将大数据输入添加到现有输入中。我们将在第 4、5、6 章更多地讨论这些话题。

工作策略的转变并不会从根本上改变分析的目标和流程。大数据必将催生出新的、创新性的分析方法，并且促使分析专家们继续在扩展性的瓶颈下进行革新。然而，对大数据的处理不会和分析专家们以前所做的事情有太大差别。他们已经准备好了迎接这个挑战。

1.5 大数据的风险

大数据会带来一些风险。其中一个风险是企业可能会被大数据压得不堪重负，从而停滞不前。正如我们将在第 8 章中讨论的，关键是要有合适的掌舵人来保证这些不会发生。你需要这些掌舵人去征服大数据，并处理各种问题。有了他们来处理问题，企业可以避免陷入泥沼而无法前行。

另一个风险是当收集如此庞大的大数据时，其成本的增长速度会快到令企业措手不及。和处理其他事物的方法一样，避免这种情况出现的方法是要保证以适当的步伐前进，使得企业能够及时跟上。没有必要从明天开始行动，一条不漏地收集所有的新数据。而应当立即去做的是，开始收集一些新数据源的样本并试图了解它们。可以使用这些初始样本进行一些实验分析，从而弄清楚数据源中哪些数据是重要的，以及如何使用它们。以样本数据为基础，企业已经做好了有效地处理更大规模数据源的准备。

对于很多大数据源，其最大的风险或许是隐私。如果世界上的每个人都是善良和诚实的，那么我们就没有必要去担心隐私问题了。但不是每个人都是善良和诚实的。事实上，进一步讲，还有很多并不善良和诚实的公司，甚至有的政府机构都不善良和诚实。这使得大数据存在一些潜在的风险。在处理大数据时，必须考虑到隐私问题，否则就无法完全发挥其潜能。如果没有适当的限制，大数据有可能会激发一股抗议风潮，以至于可能会被完全禁止。

回想一下最近受到广泛关注的一些安全性事件，例如，信用卡卡号和政府机密文件被窃取并发布在网上的泄密事件。因此毫不夸张地说，如果把数据储存在那里，总会有人试图去偷取它。一旦坏人拿到了这些数据，他们一定会利用这些数据去做坏事。已经有过几起倍受瞩目的案件，一些大公司由于其含糊不明的隐私政策而陷入麻烦之中。由于数据是以一种顾客不知情、不支持的方式被使用的，因此会产生冲突。随着大数据的爆炸式增长，必须同时对其使用自我约束和施加法律约束。

自我约束非常关键，毕竟它表明了行业对隐私保护的关注程度。每个行业都应该对自身进行约束，并且制定一些所有人都要遵守的法则。自愿接受的法则通常要比政府机构参与制定的法规效果更好一些，但约束力要更差一些，这是因为行业并不善于约束自身。

● 隐私是大数据的一个大问题

在大数据源的众多敏感特性中，隐私一直是一个焦点。一旦数据放在那里，总有些不诚实的人会在未得到你授权的情况下，试图以未经你批准的方式使用它们。对于大数据的处理、存储和应用，需要有相应的政策和协议与当前的分析能力匹配。确保在制订公司的隐私策略时考虑周全，以保证你的做法完全清白和透明。

人们已经开始担忧他们的网页浏览历史是如何被跟踪到的。同样还有很多担忧是关于通过手机应用和 GPS 系统跟踪个人位置和操作行为的。恶意使用大数据是完全有可能的，而一旦其成为可能，便总会有人去尝试。因此，需要采取必要措施以防止这种事情的发生。企业需要澄清它们是如何保证数据安全的，并且如果用户同意其数据被收集和分析，它们将如何使用这些数据。

1.6　你为什么需要驾驭大数据

目前为止，很多企业在大数据上所做的事情还非常少。幸运的是，在 2012 年，如果你的企业还没重视大数据，你们落后得还不算很远，除非你是在电子商务这样的行业（在这些行业中，大数据分析已经被标准化了）。然而，随着势头的飞快增长，这种情况会很快改变。迄今为止，大部分企业所错过的仅仅是做领导者的机会。事实上，这对于很多企业来说并不是什么问题。今天，它们仍有机会迎头赶上。然而再过几年，如果一家企业还没有分析大数据，那么它在这场游戏中将很难再赶上别的企业。驾驭大数据最好的时机正是现在！

一家企业完全可以借助新的数据源来获取业务价值，而其竞争对手却没有做同样的事情，这种情况并不常见。这是如今大数据所带来的巨大商机，你将有机会超过你的竞争对手并击败它们。在未来几年内，我们将会继续看到通过大数据分析进行成功业务转型的案例。你将会从很多案例分析中看到，竞争对手是如何被猝不及防地抛进历史的尘埃中。在很多文章、会议以及其他的讨论中，已经有很多此类案例引人瞩目。一些案例正是来自于行业中那些迟钝、落后以及守旧的企业。在电子商务这样新兴而火爆的行业中，情况则完全两样。在第 2 章和第 3 章中，我们将会看到很多如何使用大数据的案例。

● 现在正是时候！

你的企业需要从现在开始驾驭大数据。如果迄今为止，你一直都在忽视大数据，那么你所错过的只是当领导者的机会，你仍有机会可以迎头赶上。再过几年，如果你还在袖手旁观，那么你将会被淘汰。如果你的企业已经开始着手收集数据，并通过分析进行决策，那么对于你们来说，跟上大数据的步伐并不是一件夸张的事情。处理大数据仅仅是你现在所做事情的简单延伸。

事实上，下决心开始驾驭大数据并不是一件困难的事情。大多数企业已经开始着手收集和分析数据，并将其作为其战略的核心部分。数据仓库、报表和分析已经开始普及。一家企业一旦开始认识到数据的价值，那么驾驭和分析大数据仅仅是它们现有工作的扩展和延伸。不要轻信怀疑论者的言论：大数据不值得探索，它们没有得到验证，它们风险太大等。在过去的几十年里，这些同样的借口一直在阻挠着数据分析的进步。对于那些对大数据感到不确定或是不安的人，要让他们明白大数据仅仅是企业现在所做事情的简单延伸。大数据并没有任何翻天覆地的变化，大数据没有什么让我们可畏惧的。

1.7　大数据的结构

当你阅读大数据的相关文章时，你可能会遇到很多关于以下概念的讨论，数据如何被结构化、非结构化、半结构化，甚至多结构化。大数据通常被描述为非结构化的，而传统数据则是结构化的。然而它们之间的界限并不像这些标签所划分的那么清楚。让我们以非专家的视角来探讨这3种数据类型，更高深的技术细节超出了本书讨论的范畴。

绝大多数传统数据都是完全结构化的。这意味着传统数据源会以明确的、预先规范好所有细节的格式呈现。每时每刻所产生的新数据，都不会违背这些预先定义好的格式。对于股票交易，其交易信息的第一部分应该是格式为月份/日期/年份的时间信息，接下来的是12位账户数字，而下面紧跟的是由3到5位字母表示的股票代码等。每条信息事先都已很明确了，以规范好的格式和顺序给出，这使得它们很容易被处理。

对于非结构化的数据，你没有或几乎没有控制权，你所做的只能是接收它们。文本数据、视频数据、音频数据都属于这个范畴。每幅图像都是由独立像素通过特定的排列方式组合而成的，但是像素组合成图像的方式却可能千变万化、大相径庭。确实有很多这样完全非结构化的数据。然而，对于大部分数据来说，至少都是半结构化的。

半结构化的数据具有可被理解的逻辑流程和格式，但这些格式并不是用户友好的。有时，半结构化数据也被称为多结构化数据。在这类数据里，有价值的信息掺杂在大量噪声和无用的数据中。理解和分析半结构化数据，要比理解和分析规范好文件格式的数据困难。要理解半结构化的数据，必须要有一套复杂的规则，在读到每条信息后，能够动态地决定随后的处理方法。

　　网络日志是半结构化数据的最好例子。当你看到网络日志时，你会觉得它们非常丑陋；但是，其中每一条信息都有其特定的用处。网络日志是否提供了对你有用的信息则是另外一回事。图 1-1 给出了一个原始网络日志的例子。

```
Raw Web Log Data

96.255.99.55 - - [01/Jun/2010:05:28:07 =0000] ″ GET/origin-
log.enquisite.com/d.js?id=a1a3af-
ly61645&referrer=http://www.google.com/search?hl=en&q=budget=planner&aq=5&aqi=g
10&aql=&oq=budget=&gs_rfai=&location=https://money.strands.com/content/simple-
and-free-monthly-budget-planner&ua=Mozilla/4.0(compatible; Msie 7.0; Windows NT 6.0;
SLCC1; .NET CLR 2.0050727; .NET CLR 3.0.30618; .NET CLR 3.5.30729;
Infopath.2)&pc=pgys63w0xgn102in8ms37wka8quxe74e&sc=cr1kto0wmxqik1wlr9p9weh
6yxy8q8sa&r=0.07550191624904945 HTTP/1.1 ″ 200 380 ″ - ″ ″ Mozilla/4.0 (compatible;
MSIE 7.0; wINDOWS nt 6.0; SLCC1; .NET CLR 2.0.5.727; .NET CLR 3.0.30618; NET CLR
3.5.30729; InfoPath.2) ″ ″ ac=bd76aad174480000679a044cfda00e005b130000 ″
```

图 1-1　原始网络日志的例子

你的大数据具有怎样的结构？

　　事实上，很多大数据源都是半结构化或多结构化的，而不是非结构化的。这些数据具有可被理解的逻辑流程，因此可以从它们中提取出用于分析的信息。处理这类数据不像处理传统结构化数据那么简单。要驾驭半结构化数据，需要花费很多时间，并且要努力才能找出处理它们的最好方法。

　　网络日志中的信息都有一定的逻辑，尽管第一眼看上去可能并不那么明显。日志中有不同的字段和分隔符，就像结构化的数据一样，其中也蕴含着价值。然而，这些元素并没有按照固定的方式紧密地联系在一起。点击一个网站所产生的日志文本比起一分钟前点击另一个网页产生的日志文本，可能更长，也可能更短。最后，一定要理解半结构化的数据都具有其内在的逻辑，在它的各部分之间建立联系是完全可能的。要做到这一点，需要比处理结构化数据付出更多的努力。

　　对分析专家来说，完全非结构化的数据要比半结构化数据更加恐怖。想要征服半结构化数据，他们可能需要付出一番努力，但是他们确实可以做到。分析专家们可以将半结构化数据重新组织得非常结构化，并将其运用到他们的分析流程中。然而，征服完全非结构化的数据要困难得多，即使企业已经征服了半结构化的数据，征服非结构化的数据对他们来说，仍将是一个巨大的挑战。

1.8　探索大数据

开始着手处理大数据并不是一件困难的事情。很简单，收集一些大数据，让企业的分析专家团队开始探索这些数据可以提供些什么。企业没有必要一开始就设计一个具备生产级标准、持续的数据输入系统。企业所要做的仅仅是让分析专家团队先去切身接触那些数据，然后再开始分析探索工作。分析专家和数据科学家们会逐渐进入角色并完成好他们的工作。

有一个很老的拇指法则：数据分析工作有 70%～80% 的时间花在收集和准备数据上面，而仅有 20%～30% 的时间花在分析本身上。在刚开始处理大数据时，这个比例估计会更低。一开始，分析专家可能至少要花 95% 的时间，甚至几乎100% 的时间去弄清楚某一种大数据源，然后才会去思考如何利用这些数据做更深层次的分析。

理解上述做法是非常重要的。弄清楚数据源的本质是分析流程中最重要的一部分。反复地加载数据、检查它们的表现、调整加载过程，从而选择能够更好地服务于目标的数据，虽然看起来不那么吸引人、令人兴奋，但却是至关重要的。如果没有完成这些步骤，也就不可能进入后面的分析环节。

确定大数据中有价值的部分，并且确定如何最优而精确地提取这些部分，这一过程非常关键。可以预料到这一过程会花费很多时间，但即使在它上面花的时间超出了你的预期，也不要感到沮丧。在弄明白新数据源的过程中，企业的分析专家和其业务赞助商应该积极地寻找代价小、见效快的方法。记得要向企业展示一些有价值的东西，不管这些东西是多么的微不足道。这样可以让人们保持对这一过程的兴趣，并帮助人们理解所取得的进展。一个跨部门的团队绝不能在组建一年之后，还宣称他们仍在试图搞明白如何通过大数据来做一些事情。必须能够时不时地迸发出一些想法，即使这些点子很小，然后迅速地采取一些行动。

● 前进过程中产生的价值

搞明白如何将大数据源应用到你的业务中需要付出很多的努力。企业的分析专家和业务赞助商们在工作过程中，应该积极地寻找代价小、见效快的方法。这样可以向企业证明他们所取得的进展，从而继续为其后面的努力工作赢得支持。
这些进展也可以产生稳固的投资回报。

有一个很好的例子来自于一个欧洲的零售商，这家公司想要利用详细的网络
日志数据。当通过一个长期而复杂的过程收集好数据之后，这家公司实施了一些
简单的举措。他们开始鉴别每个用户所浏览过的商品。利用这些浏览信息，他们
随后建立起一个电子邮件系统，向离开网站前浏览过该商品，但并未购买该商品
的顾客发送电子邮件。这个简单的举措为这家企业创造了巨大的利润。

除了采取其他类似的基本早期措施，公司还需要对收集和加载网络数据进行
投资。更重要的是，它们以前并没有过处理整套数据流的意愿和经验。想象一下
未来当它们对数据进行更深层次分析后的回报。正是由于这些迅速而及时的进
展，企业里的每个人才乐意继续下去，因为从对数据进行的这些早期举措中，他
们已经看到了其强大的威力。况且，他们已经为未来的努力买过单了。

1.9　很多大数据其实并不重要

事实上，绝大多数大数据都是无关紧要的。这听起来必然很残酷，不是吗？
但这并不是我们对大数据的预期。正如我们已经讨论过的，一个大数据流体现在
容量、速度、多样性和复杂度等多个方面。大数据流的很多内容对于某些特定目
标来说是没有价值的，而有些内容则没有任何用处。驾驭大数据并不意味着一定
要将所有的水牢牢地圈在游泳池中。事实更像是通过一个吸管吸水：你只需要把
你所需要的部分吸出来就可以了，剩下的部分就随它去吧。

在一个大数据流中，有些信息具有长期的战略价值，有些信息只具有临时的
战术价值，而另外一些信息则毫无价值。驾驭大数据的关键部分是弄清楚不同信
息所属的类别。

有个例子能够很好地说明这一点，这就是我们将在第 3 章中讨论的无线射频
标签（RFID），今天很多产品在运输时都会在运货箱上打上这种标签。对于一些
昂贵的货物，甚至在每一个货物上都会打上标签。将来，为每件货物打上标签最
终会成为一个标准做法。但是在今天的很多情况下，这么做的代价仍然过于昂贵，
因此通常只在每个运货箱上打一个标签。这些标签使得运货箱当前的位置、装载

和卸载的时间、存放的地点都很容易被追踪到。

想象一个存放了数以万计运货箱的仓库。每个运货箱都打上了一个 RFID 标签。RFID 识别器每隔 10 秒都要向仓库询问一次："是谁在那里？" 每个运货箱都会给出如下回应："是我。" 让我们来讨论一下，在这个例子中大数据是如何很快瘦身的。

今天第一个到达的运货箱会发出信息："我是运货箱 123456789。我在这里。" 在未来 3 个星期内，只要这个运货箱还在仓库中，那么每隔 10 秒它都会重复地应答："我在这里。我在这里。我在这里。" 在每隔 10 秒的轮询过后，非常有必要去分析所有的应答，并鉴别出状态发生了改变的运货箱。通过这种方式，可以确认那些预期的变化，并对状态发生了非预期变化的运货箱采取相应措施。

一旦一个运货箱离开了仓库，它将不再做出任何应答。一旦确认这个运货箱是按照预期方式离开的，那之前所有"我在这里"的记录将不再有用。随着时间的推移，真正有用的是这些运货箱到达和离开的日期和时间。如果这两个时间点相隔了 3 个星期，我们需要保留的也仅仅是运货箱到达和离开的这两个时间戳。在这期间里，所有那些每隔 10 秒做出"我在这里"的应答虽然没有任何长期价值，但是仍有必要收集它们。而且在它们产生的每个时刻，都有必要去分析它们。但是那些在这两个时刻点之外的应答将不再有任何长期价值。一旦这个运货箱离开，这些数据便可以被安全地丢弃。

● 准备好丢弃数据

驾驭大数据的一个关键是要鉴别出那些重要的信息。有些信息具有长期的战略价值，有些信息只具有临时的战术价值，而另外一些信息则毫无价值。让大量数据放任自流显得很奇怪，但对大数据来说却是意料之中的事情。也许你需要一些时间来适应丢弃一些低价值的数据。

如果原始的大数据流可以被保存一段时间，那么就可以返回并提取一些在第一次处理过程中丢掉的信息。关于这种做法的一个例子是我们现在正在做的网络活动跟踪。大多数网站都使用了基于标签的方法。在基于标签的方法中，首先需要弄明白需要对用户交互过程中的哪些文本、图像或链接进行跟踪。那些用户看不见的标签，将会汇报用户正在做的事情。由于只有被标签标注了的内容才会被汇报，所以从一开始，大部分的浏览信息就被忽略掉了。问题是，如果不小心丢失了创建一个新促销图片标签的请求，我们将无法返回并分析这张图片的访问信息。虽然以后也可以加上标签，但就只能收集到此时间点后的活动信息了。

有一些新的方法可以用来解析原始网络日志，无须预先定义也可以对事件进行鉴别。这些方法是基于日志的，因为它们直接使用原始网络日志。这种方法的价值在于，如果你后来意识到曾忘记收集关于该促销图片的交互信息，你仍可以重新解析那些数据并把它们提取出来。在这种情况下，所有数据在开始时都不会被丢弃，但是在分析时要决定留下哪些数据。这是一种重要的能力，也解释了为什么尽管代价是昂贵的，但保留一些历史数据仍然是有意义的。需要保存多少数据取决于数据流的大小以及可用的存储空间。一个不错的解决方案是在存储成本所允许的范围内，保存尽可能多的历史数据，从而获得尽可能高的灵活度。

1.10　有效过滤大数据

大数据带来的最大挑战可能并不是你要对它做的分析工作，而是你为分析做的一系列准备，而是提取、转换和加载（ETL）流程。ETL 是指获取原始大数据流，然后对其进行解析，并产生可用输出数据集的过程。从数据源中提取（E）数据，然后经过各种聚合、函数、组合等转换（T），使其变为可用数据。最终，数据会被加载（L）到对它进行具体分析的环境中。这就是 ETL 流程。

让我们再回头看一下之前讨论过的那个比喻：通过一个吸管吸水。当你从吸管中吸水的时候，你并不关心喝到你嘴里的水是来自于哪一部分。然而对大数据来说，你对收集数据流的哪一部分却非常在乎。有必要事先探索和理解整个数据流，只有这样你才能过滤出你想要的那部分信息。这也解释了为什么驾驭大数据需要付出如此之多的前期努力。

● 从吸管中吸水

处理分析大数据和从吸管中吸水有很多相似之处。大部分数据都只是匆匆经过，就像大部分的水经过一样。目标是当数据经过的时候，从中吸取出那些需要的部分，而不是尝试把它全部喝下去。专注于大数据中的重要部分，可以使得处理数据更容易，并有精力去做真正重要的事情。

当大数据流开始到达的时候,分析流程要求前端的过滤器先滤除掉一部分数据。在数据被处理的过程中,还会有其他的过滤器。例如,在处理网络日志的时候,通常需要先过滤掉与浏览器版本或操作系统相关的信息。除非为了某些特殊的操作原因,这些数据将很少被用到。在流程后期,数据可能被过滤到只剩下某些由于业务需要而待检查的特定页面和用户操作。

复杂的规则和每个阶段被滤除和保留的数据量会根据具体的数据源和业务挑战有所不同。早期处理大数据的加载流程和过滤器是非常关键的。如果它们没有被正确地使用,分析将很难成功。传统的结构化数据不需要在这些方面花多大功夫,因为它们都已被事先指定、理解并标准化。对于大数据,在很多情况下都有必要将其指定、理解并标准化,并成为分析流程的一部分。

1.11 将大数据和传统数据混合

大数据最令人激动的部分并不是它本身能为企业做什么,而是当它和企业的其他数据结合后,能为企业做什么。

例如,浏览历史是非常强大的信息源。如果将其用于更大的环境中,就能够知道每个顾客的价值,知道顾客在过去通过各种渠道所购买的商品,这些将使得网络数据的威力变得更强大。我们将在第 2 章中对其进行更详细的探讨。

智能电网数据对于电力公司非常有用。将其用于更大的环境中,如果能够知道顾客的历史计费模式、住宅类型,以及其他一些因素,将会使从智能电表上读来的数据更加有用。我们将在第 3 章中对其进行探讨。

顾客在线聊天和电子邮件中获得的文本数据非常有用。将其用于更大的环境中,如果能够知道所讨论产品的具体规格,关于这些产品的销售数据,以及以往的产品缺陷信息将会使这些文本数据的效力剧增。我们将在第 3 章和第 6 章从不同的视角对其进行探讨。

企业数据仓库(EDW)已经成为被广泛使用的企业工具,其主要原因并不是为了将海量数据集中起来以节省硬件和软件成本。EDW 允许不同的数据源相互混合,彼此增强,从而创造价值。通过 EDW,可以将对用户和雇员信息一起进行分析，因为这两种信息联系紧密，且不再被分开分析。例如，某些雇员是否通过其个人影响比其他雇员创造了更多的顾客价值？如果将数据结合起来放在一起，这些问题将更容易回答。大数据的加入使得越来越多的数据类型可以结合在一起，以增添新的视角和处理环境，从而推动解决更多和更大规模的问题。

● 将它们混合起来

大数据最大的价值在于它们可以和其他企业数据结合起来。将大数据里找出的东西放到更大的处理环境中，新的洞察的数量和质量都会呈指数级增长。这也解释了为什么需要制定大数据和其他数据相结合的整体数据战略，而不是独立的大数据战略。

这就是企业不制定严格区别于传统数据战略的大数据战略的关键原因。这样做会导致失败。大数据和传统数据都是整体战略的一部分。要想成功，企业需要发展凝聚性的战略，大数据在该战略中并不是被严格区分的独立概念。相反地，大数据必须只是企业数据战略的一个方面。从一开始，企业所必须考虑和计划的就不仅仅是如何收集和分析大数据本身，还包括如何将其和其他企业数据结合起来，并将其作为企业数据整体方案的一部分。

1.12　对大数据标准的需求

大数据会继续以狂野西部式的风格，以及无限制及缺乏定义的数据流格式存在吗？或许不会。随着时间推移，会有一些标准被制定出来。一些半格式化的数据源会逐渐变得更加格式化，而且一些独立的组织会微调它们的大数据流，使之对分析更加友好。然而更重要的是，发展行业标准是大势所趋。尽管诸如电子邮件和社交媒体评论之类的文本数据无法在其输入端施加很多控制，然而标准化解释这些数据并用于分析的方法却是可行的。事实上，这些变化已经开始发生了。

例如，哪些词是"好"的，哪些词是"坏"的？对于哪些状况默认的规则会失效？哪些电子邮件值得一字不漏地解析和分析，而哪些可以被很快地处理？产生大数据的方法，以及处理和分析大数据的过程，都会被制定标准。输入端和输出端都会被涉及。结果，征服大数据的任务将会变得更加容易。这个过程还需要一些时间，而且，这些被制定的标准更像是一些被从业人员普遍接受的实践法则，而不是由官方标准化组织正式声明的规则或政策。不管如何，标准会越来越多。

 标准化所有可能的范围

尽管类似于电子邮件的文本数据无法在其输入端施加很多控制，然而解析这些数据并用于分析的方法是可以被标准化的。你并没有能力将大数据的一切都标准化，但是通过部分标准化，已经足以让任务变得更简单。应当把注意力集中在使用大数据和标准化大数据流输入上。

能够迅速切入大数据领域的企业具有制定标准和影响标准发展的能力，从而保证它们的特殊需求可以被满足。某些行业甚至可以遥遥领先。对于电力公司行业，在具备收集数据的能力之前，已经有相当多的工作用于定义智能电网数据的参数。当项目以一般定义和规则启动时，如果每家电力公司都以它们自己的方式创造数据，而没有事先与它们的同行共同商议，那么智能电网数据将更加难以管理。

1.13 今天的大数据将不再是明天的大数据

正如我们在本章最开始所讨论的，大数据被公认的定义多少还有一些模糊。没有一个明确和广泛的定义，什么样的数据可以被视为大数据。相反地，大数据的定义是相对于当前可用的技术和资源而言的。结果，某一个企业或行业所认为的大数据，可能对于另一个企业或行业就不再是大数据。对于大的电子商务企业，它们眼里的大数据要比小厂商眼里的大数据"大"得多。

更重要的是，随着时间的推移，处理数据的工具和技术、原始存储空间和处理能力都会不断演进，大数据的界定也必然会发生变化。10 年或 20 年之前，几百个领域，几百万个顾客的年家庭人口档案是非常庞大并难以管理的。而如今，这些数据可以存入一个 U 盘中，并可以使用低端的笔记本电脑对其进行分析。对大容量、高速度、高复杂度的界定会一直演变，对大数据也同样如此。

 "大"会变化

今天的大数据明天可能不再被认为是大数据，就像 10 年前的大数据在如今看来什么都不是一样。大数据会继续演进下去。如今，在数据容量、速度、多样性、复杂度等方面被认为是不可能的或无法想象的事情，几年过后情况会完全不同。这是一个多年不变的定律，在大数据时代也同样适用。

10 年以前，零售业、电信业以及金融业的交易数据非常庞大，并且难以处理。事实上，在 20 世纪 90 年代后期之前，对于很多企业，这些数据都没有被用在分析和报表中。如今，这些数据已被认为是一项必要且基本的资产。事实上每一家公司，不论大小，都会使用到这些数据。

类似地，我们今天所惧怕的事情，几年之后将不会再如此可怕。来自网页的点击流数据也许在 10 年内便可以成为标准化的、易于处理的数据源。对于大多数企业，积极地处理每封电子邮件、每次顾客服务谈话、每条社交媒体评论都可能成为标准化的实践行为。每秒钟在搜索引擎中跟踪几百个指标对任何人来说都不再是什么费力的事情。

在我们正在驾驭这一代大数据的同时，其他一些更大的数据源正在逐渐登上历史舞台。它们会是什么样子？如今还没有人可以完全回答这个问题。然而，以下是一些关于当前数据源如何迅速升级到更大量级的观点。

- 想象一下网络浏览数据会从网页点击数据扩展到毫秒级的眼动和鼠标移动数据，因此用户上网冲浪的每一个微小细节都能够被捕捉到，而不只是点击数据。这是大数据的另一个层次。

- 想象一下视频游戏遥感数据将会升级到不仅仅只包含按键和移动数据。想象一下它同样会包括玩家的眼动、身体移动以及游戏场景中涉及的每个对象的位置和状态，而不仅仅是直接交互的对象。这使得数据变得非常庞大。

- 想象一下全球每家商店、分销商以及制造工厂中的每一件商品都拥有可用的 RFID 信息。想象一下那些可以每秒钟收集几十个指标，例如，温度、湿度、速度、加速度、压强等信息的芯片。这类数据的体积在今天看来是无法想象的。

- 想象一下将顾客服务或电话销售的每一次谈话都记录并转译为文本。再加上所有相关的电子邮件、在线聊天，以及社交网站或产品点评网站上的评论。现在，去解析、整合并分析所有这些文本吧，你的大脑是不是已经要爆炸了？

大数据会一直存在下去。尽管几年之后，今天我们觉得恐怖的大数据会变得不再那么吓人，但总会有令人恐怖的新数据源出现。企业需要持续地调整它们的方法和目标，以适应企业所涉及数据的变化。然而，如果企业还不具备处理大数据的能力，也便谈不上对数据处理方法的调整和升级。所以，你需要现在开始！

1.14　本章小结

以下是本章的重点内容。

■ 大数据通常定义为，超出了常用硬件环境和软件工具在可接受的时间内为其用户收集、管理和处理能力的数据。

■ 大数据的"大"不仅体现在容量上，还体现在多样性、速度及复杂度等方面。

■ 大数据的威力体现在你所做的分析和所采取的行动上，而不是体现在"大"或"数据"这两个方面。

■ 大数据通常由某类机器自动地生成，而且其格式通常并不是用户友好的。默认的做法是先收集所有能收集到的数据，然后再考虑其中哪些是重要的。

■ 大数据是下一波新的、更大的、推动当前极限的浪潮。从分析的角度看，它和过去的数据源并没有什么区别。它们在第一次出现时，都显得庞大而难以处理。

■ 大数据会改变分析专家所使用的分析策略和工具，但它不会从根本上改变分析的动机，以及从分析中可获取的价值。

■ 很多大数据源是半结构化的。半结构化的数据源有一定的逻辑，但是可能并不漂亮。大数据也可以是非结构化的。在某些情况下，它甚至和传统数据源的结构相同。

■ 大数据最大的风险是某些数据源可能涉及隐私纠纷。在使用大数据的过程中，自我约束和法律约束都是必需的。

■　征服大数据并不意味着要控制所有的数据，它就像从吸管中吸水一样，仅仅吸取那些重要的部分就可以了。

■　大数据最令人激动的部分是，当它和其他数据结合以后所带来的业务价值。

■　大数据和传统数据都是整体数据和分析策略的一部分。不要制订严格区分于传统数据策略的大数据策略。

■　大数据会持续地演进。如今被认为庞大和恐怖的数据在 10 年之后只是小事一桩，但是那时候又会出现其他的新数据源！

第 2 章

网络数据：原始的大数据

如果能够理解顾客意图而不仅仅只理解顾客行为，这难道不是件很好的事情吗？如果能够理解每个顾客在决定是否购买某件商品前的思维过程，这难道不是件很好的事情吗？在过去，这些想法简直被当作天方夜谭。如今，通过使用详细的网络数据，这些想法已经成为可能。以上是本章主要涉及的内容。

切实学习一些大数据如何用于驱动商业价值的实例，能够帮助我们更好地理解大数据。在今天，或许没有其他的大数据源能够像网络数据一样应用地如此广泛。本章的所有内容都是关于网络数据的，因此，我们可以深入这个话题并详细地讨论网络数据的应用。[1]在第 3 章，我们会对另外 9 种重要的大数据源进行简单的探讨，这 9 种数据源概括性地描述了哪些数据可以被使用以及它们是如何被使用的。

很多不同行业的企业都已经将从网站上获取的详细顾客行为数据整合到了它们的企业分析环境中。然而，大多数的企业还没有把在线交易整合到网络数据中。传统的网络分析服务商提供的运营报告，只包含点击率、网络流量和其他仅基于网络数据的指标。然而，在这些网络报告之外，详细的网络行为数据还未被利用过。

一些先驱企业已经证明了详细的网络数据可挖掘出尚未开发的企业价值。本

---

[1] 本章内容基于我的同事 Rebecca Bucnis 的会议演讲。我们也撰写了一篇论文，名称是 *Taking Your Analytics Up a Notch by Integrating Clickstream Data*，发表在 SAS Global Forum 2011。

章将概述这些先驱所做的事情，它们为什么做这些事情，以及今天为什么每个企业都应当考虑使用这些分析。对于那些尚未突破自我封闭，且未深入考虑过将详细的点击流数据和其他数据结合起来的企业，这些事例一定会让它们大开眼界。

本章的核心主题并不仅仅是征服网络数据本身。企业需要专注于将网络数据和其他所有与顾客相关的数据进行整合，而非仅仅从独立的数据库中获取数据。在可扩展的分析环境中使用这些信息，不仅可以洞悉顾客的购买观点，还可以洞悉其个体意愿、购买决策过程及喜好。利用新数据源所提供的丰富洞察，企业可以向前迈进一大步。

企业如何获取、分析、利用这些丰富的信息以获得洞察呢？首先，我们将讨论需要获得哪些数据及其原因。其次，我们将通过一些例子来探讨这些数据可以揭示什么。最后，我们将讨论一些特殊的例子，关于如何通过整合网络数据而改变分析流程。网络数据是一种已经被很多企业驾驭了的大数据源。请赶紧把你也加入到驾驭者名单吧！

2.1 网络数据概观

企业已经谈论了很多年对顾客的 360 度视图。在任何一个时间点上，都会有一些企业宣称它们真正获得了 360 度视图。事实上，真正获得 360 度视图是不可能的，因为这意味着你对顾客的一切都已经了如指掌。在讨论 360 度视图时，我们真正想说的是，考虑到当时可用的技术和数据，尽可能全方位地了解顾客。然而，终点线总在移动。当你刚刚觉得终于到达的时候，终点线又一次移到了更远的地方。

几十年以前，如果企业知道其顾客的名字、地址，并且可以通过当时的第三方数据增强服务，在这些顾客的名字后面附加一些人口统计信息，那么它们一定会在竞争中处于领先。最终，新锐企业们也开始收集顾客的最近一次消费、消费频率以及消费金额（RFM）等指标信息。这些指标用于观察顾客上一次消费的时间、消费的频率以及他们花费了多少钱。这些指标可能仅统计顾客过去一年的消费行为，也可能记录顾客一生的消费信息。在过去的 10~15 年里，事实上所有的商业都开始收集和分析其顾客的详细交易历史。这直接导致了分析能力的爆发以及对顾客行为更深层次的理解。

让你的 360 度视图跟上时代的脚步

很多企业对顾客交易行为的观点还停留在过去。如今，整合新的数据源，如网络数据，已经成为可能，并且能为早期使用者带来巨大的收益。你的企业关于顾客的观点跟上时代脚步了吗？

很多企业仍然停留在使用交易历史的阶段。今天，虽然这些旧的观点仍然重要，但是很多企业依然错误地认为它们代表了对顾客全方位的了解。在今天，企业需要收集新的关于顾客的大数据源，这些数据源来自于各种扩展的和新兴的接触点，如网页浏览器、移动应用、自助服务终端、社交媒体网站等。

正如交易数据引发了分析能力和分析深度的变革，这些新的数据源同样会将分析提高到一个新的层次。以今天的数据存储和处理能力，使用新数据源进行分析绝对能获得成功。而且，很多具有前瞻性的公司已经通过利用这些数据处理各种问题证明了这一点，我们后面还会对其进行简短的讨论。

2.1.1　你遗漏了什么

你是否曾经停下来考虑过如果只收集网站上的交易信息会怎么样？或许对于一个网站，95%的用户在浏览后并没有把商品放入购物车。剩下的 5%中，大概仅有一半，即 2.5%，进入了结账流程。而且，在这 2.5%中，仅有三分之二，即 1.7%，最终完成了交易。在很多情况下，这些数据并不是不切实际的。

这意味着如果只追踪网页中的交易信息，会有超过 98%的信息被遗漏掉。然而更重要的是，会有更高比例的有用信息被遗漏掉。每一项购买交易的完成，可能会涉及几十或上百个特定的网页操作。这些数据需要和最终的销售数据一起被收集和分析。

需要强调的一点是，这和过去的网络分析完全是两码事。传统的网络分析关注汇总的特性，而这仅仅是对网络数据的概括和总结。现在的目标是要将顾客层面的网络行为数据和其他跨渠道的顾客数据整合在一起，而不再仅仅报告摘要统计信息，虽然这些概要信息已可以看到一些细节。这比网页点击报告和页面视图摘要前进了一大步。

正如 RFM 仅仅是交易数据可提供的信息中的一小部分，传统的网络分析也仅仅使用了一部分网络数据。网络数据是改变游戏规则、令人惊讶的新前沿，它彻底地革新了企业对顾客的洞察以及这些洞察对其业务产生的影响。

2.1.2 想象各种可能性

想象一下顾客正在和你的企业进行商业交易，而你对顾客所做的一切都了如指掌。不仅知道他们买了什么，而且知道他们关于购买商品的想法以及影响他们购买决策的关键因素是什么。这些知识使得你对顾客的理解，以及你和顾客之间的交互提升到了一个新的层次。它使得你可以更快地满足顾客的需求并让他们满意。

■ 把你自己想象为一个零售商。想象和顾客并排地走，并记录下他们去过的每个地方、他们看过的每件商品、他们拿起的每件商品、他们放入购物车然后又放回去的每件商品。想象你知道他们是否阅读了营养信息、是否看了洗衣说明、是否阅读了架子上的促销宣传手册，或者他们是否看过商店里其他对他们有用的信息。

■ 把你自己想象为一家银行。想象你清楚地知道每个顾客正在考虑的所有信用卡种类；想象你可以理解是奖励计划、利率，还是年手续费最终促成了他们的选择；想象你知道他们在拥有了每件商品之后所做的评论。

■ 把你自己想象为一家航空公司。想象你清楚地知道顾客在确定最终旅程之前所看过的每一个航班；想象你知道他们是更在意价格还是更在意舒适度；想象你知道他们所考虑过的所有目的地，以及他们第一次考虑它们是什么时候。

■ 把你自己想象为一个电信公司。你清楚地知道顾客在做出最终选择之前所考虑过的每一个电话型号、计费计划、数据计划以及附属品。想象你知道他们回到你网站的方式是通过在搜索引擎中输入"续订合约"或"取消合约"。

能够知晓以上所列的这些信息，听起来当然是一件令人激动的事情。收集并分析这些信息，那么你现在便可以更好地了解你的顾客。在这些行业里，已经有很多企业将其付诸实践了。

2.1.3 一个全新的信息来源

探索顾客的网络行为细节，其美妙在于我们可以从中获悉顾客购买商品以外的更多信息。你现在可以更多地了解他们如何做出决策。你可以看到整个购买过程，而不仅仅是结果。这个大数据源不是已有数据源的简单扩展，它能够将网络交易和传统交易结合起来，很多企业都将为此而兴奋。然而，从根本上讲，网络交易仅仅是另一种打上新的"交易类型"或"交易地点"标识的交易记录。而对于详细的网络行为，之前还未收集过类似的数据。这是一种全新的信息来源。

● 一个难得的机会

一家企业能够收集一套全新而独特的数据，这个机会并不多见。详细的网络数据就是一个这样难得的机会。以前，通过昂贵的调查或学术研究仅仅能够获取一小部分顾客的数据，在此之外，已有的数据源所能提供的信息也都远远不及网络数据。

网络数据最令人激动的部分在于它提供了顾客偏好、未来意向及动机等真实信息，而以前通过直接谈话、调研或者其他来源都是无法获得这些信息的。为什么顾客选择了某件商品而不是另外一件？企业或许认为它们知道原因。然而，它们很可能会发现很多顾客做出的决定都在它们的意料之外。

一旦获悉了顾客的意向、偏好以及动机，便可以通过全新的方式与他们进行交流，进一步促进业务，提高顾客忠诚度。将网络数据和从过去的 360 度视野中学到的东西结合起来，可以产生意想不到的效果。通过这些大量的、新的、可用的网络行为数据，视野被进一步开阔了。

2.1.4　应当收集什么数据

如果可以的话，顾客与企业交互过程中的所有行为数据都应该被收集起来。那意味着所有顾客接触点详细的事件信息都要被收集。今天，常见的接触点包括网站、自助服务终端、移动应用和社交网络媒体等。可以被收集的顾客事件，包括表 2-1 中的这些例子。

表 2-1　可以被收集的行为

购买	请求帮助
产品浏览	转到另一个链接
添加商品到购物车	发表评论
观看视频	注册在线会议
访问下载资源	执行搜索
读/写评论	更多行为

尽管本章主要关注网络数据，这些原理同样适用于其他在第一段中列出的数据源。虽然以下的例子都是关于网站的，但请记住这些概念同样适用于其他所有可以收集数据的接触点。

⬤ 这不仅仅关于网络数据

本章中所讨论的概念可以应用于很多种不同的接触点，包括自助服务终端及移动应用等。不要将你的思考仅仅局限于网络数据。

2.1.5 关于隐私

今天，隐私是一个很大的问题，而且以后这个问题会越来越严重。必须认真考虑需要收集什么数据以及如何利用它们。你不仅要遵守正式法律的限制，也不能逾越顾客能够接受的底线。企业应当尽量避免顾客把它们的项目当作某种令人毛骨悚然的事情或者"侵入"。隐私是值得企业深入讨论的问题。本书无法覆盖所有关于隐私的话题。然而，我们还是会探讨一种在通过分析网络数据获益的同时，并兼顾隐私考虑的方案。

即使企业想要采取一些保守的措施，仍然有从网络数据中获益的方法。即使不愿意和每个顾客进行单独交互，或者将所有数据与可识别的顾客资料相匹配，网络数据仍然是有价值的。对每个顾客，通过其登录记录、cookie 或者类似信息，都有一个唯一的、随机的、与个人身份无关的 ID 与之相匹配。这些识别号可以被当作是 "face-less（蒙面）"的顾客记录。尽管所有与该 ID 相关的数据都来自于同一个人，执行分析的人员却无法将这些 ID 与实际顾客相匹配。然而，通过在顾客中寻找某些模式，仍然可以完成分析。这些模式是强大的，而且并非只有弄清楚每个人具体做了什么事情才能发现它们。

⬤ 考虑一下蒙面顾客的分析

顾客分析中的很多价值都来自于可被识别的汇总模式。如果你直接销售商品给顾客，你所需要做的仅仅是通过名字或地址进行身份识别。还有很多具有很高价值的分析仅仅通过查看蒙面顾客的数据来完成。在这种方法中，分析专家所知道的顾客信息，仅仅是一个随机的、无法追溯的数字。不要错过这些分析可以带来的收益。

重要的是，从蒙面顾客中得出的模式，而不是顾客的具体行为。在这个例子中，个体的重要性仅仅体现在他们作为模式分析的输入数据。为了获取价值，并不需要识别每个具体的个体。通过今天的数据库技术，分析专家可以在不涉及个体识别的前提下完成分析。这样可以消除很多关于隐私的忧患。当然，很多企业实际上也是通过这种分析来识别和定位具体顾客的。想必这些企业都已经制定好了关于隐私的政策，包括什么情况下不应该参与，并且谨慎地遵守这些隐私政策。

2.2　网络数据揭示了什么

既然我们已经讲到了什么是网络数据，下面让我们再深入一些吧。在很多具体的领域中，企业可以通过网络数据更好地理解它们的顾客。如果不能驾驭这种大数据，将很难获得这种洞察。在本节中，我们首先将明确一些可以从网络数据中获得这种洞察的领域，在最后一节再探讨详细的使用案例和应用。

2.2.1　购物行为

一个理解购物行为的很好起点是弄清楚顾客是如何进入一个网站并开始购物的。他们使用什么搜索引擎？他们输入了什么搜索关键词？他们使用了以前收藏的书签吗？分析专家可以获取这些信息并从中寻找一些模式，例如，哪些搜索关键词、搜索引擎以及推荐网站与更高的销售率相关联。需要注意的是，分析专家不仅可以查看给定网页中哪些产品的销售率更高，还可以查看同一顾客在哪一段时期的购买率更高。将网站的销售和顾客购买行为跨渠道地结合起来，这才是价值的体现。

一旦顾客登录了网站，他们便开始查看所有浏览到的商品。我们需要鉴别出哪些顾客仅仅看了商品的登录页面后便离开，哪些顾客更进一步地进行查看。谁查看了附加照片？谁阅读了产品评价？谁看了详细的产品说明？谁看了运输信息？谁利用了其他网站上可用的信息？例如，鉴别出哪些商品被选择进行"比较"。最后，很容易鉴别出哪些商品被加入了意愿清单或购物车，以及后来它们是否被移除。

● **读懂顾客的想法**

网络数据是独一无二的，它让你可以知晓顾客接下来会买什么以及他们的决策过程是如何进行的。这使得企业可以积极地推动顾客去完成他们还未完成的交易。提供正确的选择，顾客几乎会认为在他们购买商品的时候，你读懂了他们的想法。

网络数据带来的一个非常有趣的功能是在顾客购买前弄明白他们所感兴趣的商品捆绑。在顾客完成购买后，紧跟着推销其他商品的做法已经落伍了。相反地，在第一时间，就应该查看他们所浏览的东西，并向他们提供完整的商品捆绑。

例如，假设有位顾客正在浏览电脑、备份硬盘、打印机以及显示器。似乎顾客正在考虑对整套 PC 系统进行升级。你可以立即提供一套包括了顾客浏览过的所有部件的套装。不要等到顾客购买电脑后再提供通用配件的套装。在顾客购买之前提供定制的捆绑优惠，比在他们购买之后再推荐一些通用的配件效果更好。

2.2.2 顾客的购买路径和偏好

利用网络数据，并通过查看顾客在网站中的浏览历史，可以弄清楚他们做出最后购买决定的过程。同样也可以洞察他们的偏好。花一点时间来想一下关于航空公司的例子。航空公司可以通过预订的机票来了解顾客偏好。例如，这些机票是提前多久被预订的？哪些价格的舱位被预订了？航班是否跨过了周末？这些信息都是有用的，但是航空公司还可以从网络数据中获取更多的信息。

航空公司可以鉴别出哪些顾客更看重便利性。这些顾客通常只搜寻特定时间的直飞航班。只有在价格相差很大而且牺牲一点点便利性的前提下，他们才可能不去选择最便捷的直飞航班。也许一位顾客在纽约 JFK 机场转机会比直飞 LaGuardia 机场省下 700 美元。他将在 JFK 机场停留 30 分钟，所需的额外出租车费用只有 20 美元。在这种情况下，一个倾向于便利性的顾客也许会选择省下这 700 美元而承受在 JFK 机场转机的稍许麻烦。然而，如果差价只有 200 美元而航班最终到达的时间会晚 2 小时，倾向于便利性的顾客仍将坚持最便捷的选择。

航空公司还可以鉴别出那些价格至上的顾客，他们愿意查询很多航班，并从中选择价格最优的。只有在牺牲适度的价格可以极大地提高便利性的前提下，这些顾客才有可能违背价格第一的原则。例如，对于某一个顾客，上午 10 点出发的价格是 220 美元，而 6 点出发的价格是 200 美元。对于价格至上的顾客，4 小时的额外睡眠价值 20 美元，因此她会选择为稍晚的航班支付这 20 美元的溢价。

基于搜索模式，航空公司可以知道某一顾客是偏好于特价机票还是特定目的地。她是否研究过了所有的特价机票，然后为她的旅程选择了其中一张？或者她仅仅查看了到某一特定目的地的机票，然后就为它进行了支付？例如，对于一个大学生，很多个春季假期旅行地对他来说都是一样的，他会选择其中价格最优惠的那个。而另一方面，一个定期回家的顾客仅仅对飞往其家庭所在地的航班感兴趣。

如果能够知道顾客经常浏览到某些目的地的周末特价机票，这将是非常有益的，从中可以知道这些顾客所看重的因素。对于某些顾客，任何时候都可以回家，关键是要等到飞往其目的城市的特价机票。一旦他们看到了特价机票，便会马上预订。一旦这个模式被识别，航空公司便可以更好地预知顾客的需求。

以上这些例子都是关于如何将今天的浏览及研究模式，进一步与历史经验和购买记录相结合，从而创造出巨大的价值。当然，需要花费时间和努力来改变针对这些模式的分析流程。然而，一旦知晓了网站吸引不同顾客个体的那些方面，便可以向这些被定位的顾客发送相关的信息以更高效地满足他们的需求。

2.2.3　研究行为

理解顾客如何利用网站的研究内容可以更好地了解如何与每个顾客的个体进行交互，以及网站的某个方面是否促进了销售。通过观察顾客在购买过程中所探究过的选项，可以推断出他们所看重的因素。

例如，考虑一个专注于销售电影的在线商店。如果某些顾客习惯于在做出最终购买决定之前查看视频的各种格式，如标准格式、宽屏、扩展或者高清格式，这意味着虽然大多数时间他们可能都会购买某一种格式，然而，他们对于不同格式其实是无所谓的。那么，可以每次都向这些查看过所有格式的顾客显示所有的版本。然而，如果知道某一顾客从来都只购买某一种特定的格式，为何还要让她从各种 DVD 版本中进行挑选？

另一种利用网络数据理解顾客研究模式的方法是，鉴别网站提供的哪些信息对顾客是有价值的，尤其是对那些最重要的顾客。顾客在购买之前查看评论、附加图片以及技术说明的频率是多少？要注意，通过跟踪不同的会话并结合其他的顾客数据，可以获知顾客在某一天调研之后又在哪一天完成了购买。最终的购买事件通常是目标极其明确的网络会话，因为它完成了最终的交易。需要将网页浏览历史拼接成一幅完整的图像。或许企业正在考虑去除掉的某些很少被用到的网站特性，对于某一类非常重要的顾客来说却是不可或缺的。在这种情况下，这些特性应该被保留。

 研究的力量

我们不再必须进行昂贵的、小规模的调研，以了解顾客如何在做出购买决定之前调研所需购买的商品。通过网络数据可以了解到顾客个体和顾客群体分别所看重的因素。而且，还可以避免某些顾客言行不一致的风险。这样做的话，你将看到真相。

企业可以发现一些顾客的异常行为，他们在查看完详细的产品说明后放弃了购买，但是那些没有看过产品说明的顾客都没有做出此举动。通过查看页面上的内容，也许会发现产品描述不够清楚或者某项说明有所疏漏。通过对产品描述进行升级，销售业绩可以获得提升。

阅读评价是非常重要的指向标，它能反映出顾客所看重的那些特征。哪些顾客很看重评价？哪些无所谓？哪些商品在评价被阅览后失去了顾客？商品评价可以帮助提升和突破销售业绩。一旦你知道了哪些顾客通常在阅读评价后购买商品，如果你发现他们在看了某件商品的评价后却放弃了购买，你就应该查看一下这些评价了。或许有一些负面的评价会被发表，你可以确认这些评价是否属实，他们提出了什么问题，然后设法处理这些问题。

最后，弄清楚每个顾客所看重的网站特性，以及顾客如何通过网站进行商品调研，可以让网站更好地贴近顾客。对于那些总爱查看详细产品说明的顾客，或许可以在他们浏览商品的时候马上就把产品说明呈现出来。而对那些总爱浏览图片的顾客，或许可以给他们呈现全尺寸的图片而非缩略图。重点是要让你的顾客可以更加容易地进行调研，从而在他们准备调研和购买的时候，他们会选择你而不是和其他商家进行比较。

2.2.4 反馈行为

顾客能够提供的最有价值的信息是关于商品和服务的详细反馈信息。事实上，顾客愿意花时间做这件事情意味着他们钟情于某一品牌。通过文本挖掘理解顾客反馈的语气、意图和主题，可以更好地了解这个顾客所看重的因素。

　　某些顾客是否会按照惯例在购买商品后发表评论？如果这些评论通常是积极的，而且会继续被其他顾客阅读到，那么给予这些顾客特殊的激励以获得他们持续的积极评价将是明智的。类似地，通过分析顾客在线求助会话中的问题和评论，不仅可以获悉顾客普遍想要了解的事项，也可以获悉某个特定顾客想要了解的事项。如果通过分析发现某个特定的顾客总是非常看重这些特征，那么可以向这位顾客推荐其他具有类似特征的商品。

　　某个顾客是否是 Facebook 的粉丝？他或她是否在 Twitter 上关注了你？通过查看顾客通过这些渠道发表的评论和问题，可以对他们的好恶获得更多的了解。另外，一旦识别出那些在社交媒体上非常积极地发表关于某个公司评论的顾客，企业可以考虑培养他们成为具有影响力的品牌大使。这些顾客为你的品牌带来的影响力值得你对他们付出额外的关注。要注意顾客的影响力并不一定和他们的个人价值紧密相关。一个通常享受标准待遇的、中等规模的客户可能非常活跃，他们影响力的价值超出了他们实际为销售带来的价值，提高他们的待遇级别是非常明智的做法。

2.3　行动中的网络数据

　　企业永远无法获知关于顾客的所有情况，我们只能根据可用的信息做出假设。如果只能窥见其中的一部分，根据它们推断出的全景，其准确程度通常已经足以保证完成工作。然而，也许那些缺失的信息描绘出一幅和预期大相径庭的景象。在这种情况下，所做出的决定即使不是完全错误的，也不会是最优的。

　　因此，企业应当努力收集和分析尽可能多的数据。我们已经讨论过了很多不同种类的网络数据及其广泛应用。现在，让我们继续前进，来看一些特殊的例子，例如，关于企业如何利用网络数据来提升已有的分析、促生新的分析，从而提升其业务水平。

2.3.1　最优的推荐商品

　　一个很常见的市场分析是针对每一个顾客做商品推荐。在所有可用的选项里，接下来应该向顾客推荐哪件商品，从而使成功的概率最大？拥有网络行为数据可以完全改变推荐商品的决策，并且使这些决策更加稳健。

假设你在一家银行工作，你知道顾客 Smith 先生的如下信息。

■ 他有 4 个账户：支票、储蓄、信用卡和汽车贷款。

■ 他每个月完成 5 次存款和 25 次提款。

■ 他从未亲自前往一个支行。

■ 他的储蓄共计 50 000 美元。

■ 他的信用卡和汽车贷款总额为 15 000 美元。

在今天晚些时候，你应该通过电子邮件向 Smith 先生推荐哪个理财产品呢？根据 Smith 先生的个人档案，对其提供如下的选择都是合理的，例如更低的信用卡利率，或者因为他持有现金数额很可观而推荐一张 CD。绝大多数人都不会向 Smith 先生提供抵押贷款这种选项，因为这个选项看上去和他毫无联系。然而，一旦我们查看过 Smith 先生的网络行为，一系列非常关键的事情跃入我们的眼帘。

■ 他上个月浏览了抵押利率 5 次。

■ 他查看了关于房屋保险的信息。

■ 他查看了关于洪水保险的信息。

■ 上个月他调研了房屋贷款方案（例如，定期还是活期，15 年还是 30 年）2 次。

现在很容易决定接下来应该和 Smith 先生讨论什么了，不是吗？

● 处于竞争的前列

利用网络浏览行为，可以获得能够需要改变推荐策略的洞察。根据顾客最近浏览过的内容（很多情况下是他们以前没有购买过的产品或者产品线），企业可以做出决策。一旦网络数据提醒你出现了新的机会，你便可以采取行动将顾客拉到新的产品线上来。

对于任何一项业务，弄清楚顾客群体是否依然牢固是很困难的。网络提供了关于顾客的兴趣以及他们是否依然忠实的线索。设想一个目录零售商，它包含了很多个店铺地址。目录中要收集每个顾客在其他数据中的以下信息。

- 最近浏览过的商品。

- 最近评价过的商品。

- 购买历史记录。

- 营销活动及反馈记录。

这些数据被编纂并分析，以决定每个顾客对哪些产品最感兴趣。寄出的目录内容、长度，以及每个目录中推荐的商品都会被调整。与编目人的传统做法相比，这些调整很大程度上改变了促销的方法，并导致了如下的结果。

- 邮件总数的减少。

- 促销目录页总数的减少。

- 总利润的极大增加。

网络数据可以帮助将所有业务进行彻底改善。

2.3.2　流失模型

在电信行业，企业付出了很多时间和精力来创建、增强和完善"流失"模型。流失模型指出了那些最有可能注销账户的顾客，从而可以及早采取措施以防止这些客户流失。对于行业来说，流失是一个非常严重的问题，会使大量的资金处在危险中。这些模型对于账目的底线有很大的影响。

管理客户流失一直是，而且以后仍将是，理解客户使用情况和收益的关键。想象一下，如果今天能把网络数据用于适当的环境中，将会造成多么巨大的改观。Smith 夫人是 101 电信运营商的顾客，她在 Google 搜索栏里输入了"我如何取消与 101 电信运营商的合约？"。然后她从一个链接进入到了 101 电信运营商的合约取消政策网页。想象一下，与其他数据相比，这个用户数据对于流失模型以及采取进一步的有效措施是多么的及时和重要。

很难想象取消合约意愿的指向标要比了解 Smith 夫人调研取消合约以及完成取消请求的最终过程更加重要。或许分析专家已经看到了她使用率的降低，或许他们还没有看到。通常需要几周或几个月的时间才能发现使用模式的改变。然而，通过收集 Smith 夫人的网络行为，101 电信运营商可以更快地采取措施以避免失去 Smith 夫人这个顾客。

如果不能在早期就发现那些正在研究取消合约选项的顾客，那么就意味着直到客户心意已决，并且另外一个对手已经赢得了他们的业务时，我们才开始想办法把客户夺回来。大多数这样的情景都已经为时过晚，丢失的客户已经无法再被挽回。

2.3.3 响应模型

很多模型用来帮助预测当要求顾客对某项请求进行响应时，他们可能做出的选择。这些模型通常会试图预测哪些顾客会购买或接受某项服务，或者点击某个电子邮件链接。这样的模型通常使用一种叫做逻辑回归分析的技术。这些模型通常被称为响应模型或倾向模型。我们刚刚提到的流失模型也属于这一类模型。区别在于，流失模型的目的是为了预测负面的行为（流失）而不是正面的行为（购买或响应）。

当使用响应模型或倾向模型时，会将所有顾客根据其采取行动的可能性进行打分和评级。然后，根据评级的结果生成不同的群组，以对不同群组内的顾客采取不同的措施。理论上讲，每个顾客的分值是唯一的。但在实际中，由于这些模型中只有少数几个变量，因此最终可能会有很多顾客的分值是相同或几乎相同的。对于那些不经常高消费的顾客，情况尤其如此。在这种情况下，很多分值非常低并且很相近的顾客最终会被划入同一个很大的群体中。

网络数据可以极大地帮助区分顾客，尤其是对于那些不常购物的或分值很低的顾客，可以根据他们的网络数据将他们的分值进行大幅地提升。让我们来看一个具体的例子，我们首先利用一个变量很少的响应模型对 4 个顾客进行打分。由于这些顾客对模型中每个变量的取值都相同，因此它们最终的分值完全相同。这些分值都是假想的，因此不必担心它们是被如何计算出来的。这 4 个顾客的档案如下所示。

- 上一次购买在 90 天之内。

- 上一年总共消费 6 次。

- 总共花费了 200~300 美元。

- 拥有住房者，预计家庭收入为 100 000~150 000 美元。

- 忠诚计划的会员。

- 上一年所购买特色产品的目录。

在这个例子中，所有的顾客都得到了完全相等的分值，并且看起来响应的可能性也是相同的。假设他们的分值都是 0.62，任何基于这个模型的营销项目都会将这 4 个顾客同等对待。毕竟，基于以上的这些信息是无法将他们进行区分的，他们看起来完全一样！

现在，利用网络数据，让我们来看一下情况发生了什么样的明显改变。看一下网络数据如何为我们提供强大的新信息。

■　顾客 1 从未访问过你的网站，因此他的分值降低到了 0.54。

■　顾客 2 上个月浏览过你们提供的产品，因此他的分值提高到了 0.67。

■　顾客 3 上个月浏览过你们提供的特色产品，因此他的分值提高到了 0.78。

■　顾客 4 上一周浏览过你们提供的特色产品 3 次，有一次将其放入购物车，然后取消，但是后来又再次浏览了该商品，因此他的分值提高到了 0.86。

即使顾客尚未达成购买意愿，网络行为仍可以让我们明确顾客当前的兴趣，从而可以对顾客进行更好地打分，并将其严格进行区分，这在以前是根本无法区分开的。现在，将这 4 个顾客的例子延伸到不同渠道、几百万顾客上，你将看到巨大的改观。

当被问到利用网络数据所带来的价值时，一个来自多渠道美国专业零售商的市场总监这样回答，"这就像是在印钞票！"好消息是，不管有没有网络数据，都很容易建立起验证模型，这些模型要验证在任意给定情况下，业绩是否得到了改进。事实上，这种对企业环境造成影响的测试不会带来任何风险。

2.3.4　顾客分类

网络数据使得很多全新的分析方法成为可能。其中一种是根据顾客的典型浏览模式将他们进行分类。比起传统的基于人口和销售的分类，这种分类提供了一个关于顾客的全新视角。另外，这种分类也可以产生独特的见解和行动。

考虑一个名字为梦想者的基于浏览行为的分类。梦想者们重复地将某件商品放入他们的购物车，然后又取消。梦想者总是多次添加和取消同一件商品。对于某些昂贵的商品，例如，电视或者电脑，这种情况尤为常见。不难找出哪些人进行了这样的重复操作。而一旦他们被发现了，你可以做些什么呢？

一个可取的方法是看一下这些顾客正在取消哪些商品。也许某个顾客正在看一个非常昂贵的高清电视。你在过去已经发现这个顾客经常挑选价格过高的商品，在重复选择和取消很多次之后，却最终购买了另一件稍微便宜一些的商品。那么，给他发一封电子邮件，并告诉他那些具备大多数相同特征但稍微便宜一些的产品，或许可以帮助他迅速下定决心完成购买。

● 从网络数据中崛起的新分析

有很多种数据源都可以用于顾客分类。销售、人口统计、问卷反馈只是其中几种。现在，还可以根据浏览行为对顾客进行分类。从中可以了解顾客的购物风格和思考过程，并为你的分类准则提供一个非常重要的、额外的维度。

另外一种方法也随处可见。对顾客取消购物车商品的统计信息稍加调整，便可用于对顾客进行分类。在企业看来，购物车中的商品被取消通常意味着失败。然而，通过查看浏览历史，可以确认有 10 件被取消的商品是由于某个顾客定期重复地取消很多商品导致的。因此，其取消商品的次数可以降低，而且所有对这件商品的取消都可以看作同一次取消。这使得对商品取消有了更加清楚的认识。将这类顾客的统计数据调整后，平均的取消率要比开始时更低一些。不仅新的数字看起来更漂亮，而且它们也是对现实更加真实的反映。

2.3.5 评估广告效果

更好地评估付费搜索和广告效果是用户网络数据所产生的另一种高影响力的分析。传统的网络分析专家仅提供一些高度概括的信息，如点击总数、搜索总数、每次点击或展示费用、点击次数最多的关键词，以及网页位置统计等。然而，这些指标都是总体水平的指标，是对个体浏览会话的总体反映。它们的使用环境也通常仅限于网络渠道。

这意味着所有的统计信息都基于通过搜索和广告点击产生的单个会话。一旦顾客离开网站，并且网络会话结束，分析的范围也到此为止。统计信息里并没有考虑过去和将来的访问。通过整合顾客的浏览数据，并将视野拓展到其他渠道，有可能在一个更深的层次上对搜索和广告效应进行评估。

- 广告或搜索词所产生的网站访问，是否和最有价值的顾客或价值最低的顾客相关联？

- 在顾客第一次点击之后的数天或数周内，最初的会话有多少转化为了销量？

- 某些推荐网站是否比其他网站吸引了更多的访客，并且销量更高？

- 通过对其他渠道的活跃度进行跨渠道的分析，网络广告和搜索所产生的购买兴趣是否导致了第二渠道的销量大幅降低？

让我们来看一下这个来自金融机构的例子。信用卡申请已经随处可见，在电子邮件、杂志、网络中，到处都能看到申请信用卡的广告。本例中的银行理解"眼球和点击"仅仅是整个营销的一部分。在点击之后，你才能够看到广告投放带来的价值。

银行进行了大规模的分析，并且挖掘到了更深的层次，而不局限于最初会话中的点击。它们还跨时段地查看顾客的数据和会话，以评估申请进度、顾客服务查询、信用卡发放、激活和初始信贷消费。这些点击之外的广告效果，可以帮助我们更加全方位地了解如何成功地投放广告并且更明智地分配广告预算。

● 为什么把你自己局限在当下

仅仅了解那些始于广告、电子邮件链接或搜索的单个网络会话所带来的产出，会错过真正的关键点。很多顾客会回来继续完成他们之前的交易，甚至会通过不同的渠道。传统的网络分析专家不会考虑初始会话之后的行为，也不会考虑会话之前的行为。请升级你的技能以处理这两种情况。

利用详细的、顾客层面的网络数据，可以通过更广阔的视野，而不仅仅是初始网络会话的汇总结果，以真正理解哪些广告、关键词或推荐网站导致了"最优"的点击。通过这些扩展的、跨渠道的、跨时段的视野所提供的额外知识，可以看到一些之前看不到的景象。能够理解这种更深层关系的企业将有机会使用新的战略，这些战略是那些使用传统分析方法的企业所无法理解的。这是一个颇具竞争力的优势。

2.4　本章小结

以下是本章的重点内容。

- 整合详细的、顾客层面的网络行为数据，将有能力改变企业对顾客的认识。

- 正如交易数据引发了分析能力和分析深度的变革，网络数据同样会把分析带到新的高度。

- 还有一些其他的客户接触点可以通过类似于网站的方式被追踪到，例如，信息服务亭、移动电话应用等，同样的原理对它们也适用。

- 任何可以被收集的数据都应当被收集，包括页面视图、搜索、下载以及在其他网站上的活动。

- 隐私是关于网络数据最主要的考虑，在制定这些数据如何被使用的政策时，一定要小心谨慎。这些政策一定要被严格地执行和遵守。

- 通过分析蒙面顾客可以获得极大的利益，企业仅仅通过一个随机的 ID 来识别这些顾客。通过这种方式，不管是分析专家还是其他人，都无法确定每个顾客的真实身份。重要的是发现其中的模式。

- 网络数据使得你可以获悉详细的顾客购物行为、购买路径、调研行为以及反馈行为，就像是你几乎可以读懂顾客的想法一样。

- 网络数据使得推荐商品、流失模型、响应模型、顾客分类、顾客搜索及在线广告分析等方面都取得了更好的效果。

- 成为早期的技术采用者，并处于竞争前列的机会稍纵即逝。现在就开始学习如何驾驭大数据吧！

第 3 章

典型大数据源及其价值

当你开车路过一家餐厅的停车场时，你的手机屏幕上弹出了这家餐厅的当日特价菜品推荐，这种体验是不是很棒？如果赌场老板把发牌人忘记付给你的 20 美元亲自送还给你，你的心里是不是有点儿小激动？如果在线视频游戏能够把和我们玩法相近的用户即刻告知我们，这世界会不会变得很美妙？你是不是要下调汽车保险费率？大数据能让这一切变成现实。

在第 2 章中，我们已经讨论过了网络数据。网络数据即使不是最原始的大数据源，也是使用最广泛、认可度最高的大数据源。除此之外，还有很多大数据源，它们都有各自的使用价值。其中一些广为人知，而另一些几乎没有名气。我们在此要借用本章的篇幅一起来回顾除网络数据以外的其他 9 种大数据源以及它们的用途。我们将站在一个较高的层次上讲解这部分内容，意图是在简单描述各类数据源的基础上，回顾每种大数据源的应用与商业含义。

第 2 章和第 3 章并不是要介绍排名前 10 位的大数据源，而且排名在前 10 位也不意味着它们就是最重要的 10 种大数据源。同理，我们的讲解顺序也并没有暗含任何级别高低。我们的重点是有代表性地描述大数据源，并希望读者们能够理解现有大数据的广度和种类，以及大数据分析能够达到的广度。希望每一位读者都能从中找到自己感兴趣的地方。

我们发现了一个非常明显的趋势，各行各业虽然生成了许多大数据源，但其底层的支撑技术却是相同的。而且，不同行业还可以使用相同的大数据源。大数据并非只有单一的用途，它的影响将会非常深远。

我们将要讨论以下几种大数据源。

- 汽车保险业：车载信息服务数据的价值。

- 多个行业：文本数据的价值。

- 多个行业：时间数据与位置数据的价值。

- 零售制造业：RFID 数据的价值。

- 电力行业：智能电网数据的价值。

- 博彩业：筹码跟踪数据的价值。

- 工业发动机和设备：传感器数据的价值。

- 视频游戏：遥测数据的价值。

- 电信业与其他行业：社交网络数据的价值。

3.1 汽车保险业：车载信息服务数据的价值

车载信息服务在汽车保险行业中的关注度非常高。车载信息服务是通过汽车内置的传感器和黑盒来收集和掌握车辆的相关信息。我们可以配置不同的方案，使用黑盒来监测所有的汽车数据。我们可以监测车速、行驶里程，以及汽车是否安装了紧急制动系统。车载信息服务数据能够帮助保险公司更好地理解客户的风险等级，并设置合理的保险费率。如果彻底地忽略隐私问题，车载信息服务装置可以跟踪到汽车去过的所有地点、何时到达的、以多快的速度、使用了汽车的哪些功能等。

车载信息服务可以潜在地降低司机的保险费率，并提升保险公司的收益。它是怎样做到在降低费率的同时提升收益呢？答案就在于保险公司要根据风险评估来进行保险定价。传统的风险评估方法使用的是年龄、人口统计特征以及个人意外伤害历史这类数据，它们只能提供高层次的概要信息。对于驾驶记录没有任何问题的车主，传统方法根本没办法把他们和附近的其他人区分开。

保险公司要未雨绸缪，并做好最坏的打算。它们要弄清楚哪些人放在哪个风险范围上是最安全的，一般情况下，它们会先假定这些人的风险是位于该风险范围较高的一端。汽车保险公司对车主的行为习惯和实际风险了解得越详细，风险范围就会越窄，同时认定范围内出现需要提升费率的最坏情况的可能性就会比较小。这就是为什么可以同时降低保险费率和提升收益的原因。如果保险公司认为投保个体的风险较好，那么保险公司将可以更好地了解每个人的风险状况，预计必须支出的保费就不会发生太大变化。

全球很多国家的保险公司都在使用车载信息服务，而且数量越来越多。早期项目的注意力放在从汽车上收集最少的信息，例如，它们并不关心汽车去过什么地方。早期项目跟踪的是汽车开了多远、什么时候开的车、是否超速和是否使用了大量的紧急制动。这些信息都是非常基本的信息，不牵涉到个人隐私，是故意设计成这样的。因为避免了收集高度敏感的信息，所以才会被广泛地接受。这个道理也同样适用于商业车队。如果保险公司了解到公司车队更多的用车情况，那么它为公司车队确定保险费率也就更容易。

车载信息服务数据最初是作为一种工具出现的，它可以帮助车主和公司获得更好的、更有效的车辆保险。再过一段时间，等到许多交通工具都安装了车载信息服务装置后，那时保险业以外的行业也可以使用车载信息服务数据了。现在，公共汽车已经有了车载计算机管理系统，但是车载信息服务设备可以将其提升到一个新的层次。车载信息服务数据还有一些有趣的应用，我们来看一下这些应用。

使用车载信息服务数据

如果车载信息服务真的开始大规模应用，一定会出现许多令人兴奋的分析应用。想象一下，以后全国有数以千万计的汽车都安装了车载信息服务装置，那时候第三方研究公司会以匿名的方式为客户收集非常详细的车载通信数据。与为保险收集的有限数据不同，这时数据收集是以分钟或秒为频率，且收集内容包括但不限于速度、位置、方向和其他有用的信息。

无论交通是否阻塞，无论什么日期，这种数据反馈方式都会提供大量的车载通信信息。研究人员可以知道每辆车在道路上的行驶速度，他们还可以知道车流开始的时间、结束的时间，以及持续的时间。这种真实的交通流信息视图将会多么令人惊讶！试想这会对交通阻塞和道路系统规划的研究产生多么大的影响！

● 无心插柳柳成阴

车载信息服务数据的多种用途只是一个例子，它说明了可以用最初预见不到的方式来使用大数据。对于某种特定的数据源，我们最后发现它最有效的用途可能与其创建之初的用途大相径庭。面对我们碰到的每一类大数据源，我们要开拓思路，多想想常规之外的其他用途。

如果研究人员能够掌握大量汽车在每一个高峰时段、每一天、每个城市中的动向，他们就能非常清晰地判断出车流产生的前因后果。此外，还能查明下述问题的答案。

- 一个在路中央的轮胎会对交通产生什么影响？

- 左侧车道堵车会发生什么？

- 如果路口的交通灯不同步，会产生何种结果？

- 哪些十字路口虽然按照预期设定方式工作，但通行时间的设计仍然不合理？

- 如果某条道路堵塞，堵塞会以多快的速度蔓延到其他道路？

即使我们集中精力投入到昂贵的测试中，现在要想有效地研究诸如此类的问题也几乎是不可能的。除非我们安排人手来实际地监测每一条道路，记录下所有的信息，只有这样我们才能解决交通堵塞的问题。或者，我们可以安装大量的传感器来监测过往的车辆，还可以安装视频摄像头，但这些选择因为成本问题被严重限制了推广。

交通道路工程师做梦都想得到我们所讲的车载通信信息。如果车载通信装置变得随处可见，那任何交通拥堵的地方都能被发现。城市道路和交通管理系统的革新，以及城市道路建设规划，都将惠及普通大众。车载通信刚开始出现时是为了满足保险定价的需求，但有了它还可以缓解交通压力和驾驶员堵车时焦急等待的心情，它的存在终将使高速公路的管理模式发生革命性的改变。

3.2 多个行业：文本数据的价值

文本是最大的也是最常见的大数据源之一。想想我们周围有多少文本信息的存在，电子邮件、短信、微博、社交媒体网站的帖子、即时通信、实时会议以及可以转换成文本的录音信息。文本数据是现在结构化程度最低的，也是最大的大数据源。幸运的是，我们在驾驭文本数据、利用文本数据来更好地做商业决策方面已经做了很多工作。

文本分析一般会从解析文本开始，然后将各种单词、短语以及包含文本的部分赋予语义。我们可以通过简单的词频统计，或更复杂的操作来进行文本分析。自然语言处理中已经有很多诸如此类的分析了，这里我们就不再赘述。文本挖掘工具是主流分析套件中一个不可或缺的组成部分。此外，我们还能找到许多独立的文本挖掘工具包。其中一些文本分析工具使用基于规则的方法，用户需要调整软件才能找到自己感兴趣的模式。另一些工具则使用机器学习和其他算法自动地发现数据模式。每种方法都各有利弊，其相关论述已经超出了本书的范围。我们关心的是如何使用生成的结果，而不是使用工具产生结果的过程。

做完文本解析和分类以后，我们就可以分析这些过程所产生的结果了。文本挖掘过程的输出结果通常是其他分析流程的输入。例如，如果能够分析出客户使用电子邮件的情感，就能利用一个变量将客户的情感标记为正面情感或负面情感。这种标记本身是一种结构化的数据，可以作为分析流程的输入。使用非结构化的文本创建结构化的数据，这个过程通常称为信息提取。

另一个例子是，假定我们能够在客户与公司往来的邮件中识别出他们对公司某些产品的评价，我们就能利用一系列变量来标识客户的产品评价。这些变量本身也是结构化的度量指标，可以用来做分析。上述这些例子解释了如何捕获非结构化数据片段，并从中提取出相关的结构化数据。

从非结构化文本中提取结构数据

文本分析的例子很好地说明了该过程：获取非结构化数据，然后处理该数据，最后创建出可以用于分析和报表过程的结构化数据。驾驭大数据的一个重要部分是，利用这种创造性的方式将非结构化数据和半结构化数据变成可用于分析的数据。

解释文本数据实际上是相当困难的。强调的词汇和语境不同，同一个单词表达出来的意思就不同。面对纯文本，我们根本不知道重点在哪里，也不知道整个语境。这说明我们得事先进行一些假设，我们会在第 6 章中更详细地讨论这个问题。

文本分析既是一门艺术，也是一门科学，总会存在一定的不确定性。文本分析往往会有分类错误和含义模糊的问题。没错，如果我们在文本集合中发现了更好的决策支持模式，那就应该使用它。文本分析的目标是改进你的决策，但并不是令你的决策变得完美。文本数据可以有效地提升决策效果，它能提供比没有它时更好的结果，即使数据有噪声或含义模糊时，这一点也成立。

使用文本数据

一种目前很流行的文本分析应用是所谓的情感分析。情感分析是从大量人群中挖掘出总体观点，并提供市场对某个公司的评论、看法和感受等相关信息。情感分析通常使用社会化媒体网站的数据。以下是情感分析的几个例子。

- 公司或产品的口碑怎么样？

- 大家正在讨论的是公司的哪些活动？

- 大家对公司、产品和服务的评价是好是坏？

如前所述，文本分析的难点在于词汇和语境是相关的。我们要考虑到这个问题，但大量的评价会让客户情感的倾向变得明确。如果我们可以解读出人们在社交媒体上所说内容、与客服互动信息的趋势，这会对规划下一步的工作有很大的价值。

如果公司可以掌握每一个客户的情感信息，就能了解客户的意图和态度。与使用网络数据推断客户意图的方法类似，了解客户对某种产品的总体情感是正面情感还是负面情感也是很有价值的信息。如果这名客户此时还没有购买该产品，那价值就更大了。情感分析提供的信息可以让我们知道要说服这名客户购买该产品的难易程度。

文本数据的另一个用途是模式识别。我们对客户的投诉、维修记录和其他的评价进行排序，期望在问题变大之前，能够更快地识别和修正问题。产品首次发布，然后开始出现投诉，文本分析可以识别出客户在哪些方面存在问题。我们甚至可以做到在客服电话接二连三打进来之前，先把问题识别出来。这样我们就能更快地、更积极地做出响应。公司可以及时地做出反应，解决产品未来发行版本中同样的问题，也能主动与客户进行接触，缓解他们当下遇到困难时的焦躁情绪。

欺诈检测也是文本数据的重要应用之一。在健康险或伤残保险的投诉事件中，使用文本分析技术可以解析出客户的评论和理由。文本分析可以将欺诈模式识别出来，标记出风险的高低。面对高风险的投诉，需要更仔细地检查。另一方面，投诉在某种程度上还能自动地执行。如果系统发现了投诉模式、词汇和短语没有问题，就可以认定这些投诉是低风险的，并可以加速处理，同时将更多的资源投入高风险的投诉中。

法律事务也会从文本分析中受益。按照惯例，任何法律案件在上诉前都会索取相应的电子邮件和其他通信历史记录。这些通信文本会被批量地检查，识别出与本案相关的那些语句。例如，哪些电子邮件中有隐藏的内幕消息？哪些人在和别人交流时说的是假话？威胁背后的实质是什么？

在法律案件中应用文本分析的做法称为电子侦察。所有预先进行的分析将帮助起诉获得成功。不使用文本分析，仅通过人工的方式将无法浏览所有的所需文档。即使我们可以做到人工浏览那些文档，但因为任务本身过于单调枯燥，我们很可能会漏掉其中的一些关键信息。

文本数据可能会对所有的行业都产生影响。它可能是如今使用最广泛的一类大数据。对企业来讲，掌握如何收集、解析和分析文本是很重要的。文本是我们必须驾驭的一种大数据源。

3.3 多个行业：时间数据与位置数据的价值

随着全球定位系统（GPS）、个人 GPS 设备、手机的出现，时间和位置的信息一直在增加。从 Foursquare 到 Google Places，再到 Facebook Places，它们提供了大量的服务与应用，可以记录每个人在某个时间点的位置。手机应用程序可以记录我们的位置和移动的轨迹。即使手机没有正式开启 GPS，我们还是可以使用基站信号来获得相当准确的位置信息。

消费者应用程序中有一些新颖的使用这些信息的方法，这些方法可以捕捉到消费者允许其捕获的信息。例如，有一些应用使我们可以追踪锻炼中行进的路线，路线的长度，以及走完该路线所需要的时间。事实上，如果携带了手机，我们就能记录去过的每一个地方。我们还可以选择把数据公开给他人。当更多的人向公众公开了自己的时间和位置数据，就会出现一些非常有趣的事情。

　　许多公司已经开始意识到掌握客户的时间与位置数据的威力，它们开始尝试从客户那里收集这类信息。当然，这类信息必须建立在筛选的基础上，并且必须制定明确的隐私政策，并严格地遵守这些政策。许多公司推出了令人难以抗拒的位置价值服务，吸引用户把时间和位置信息开放给它们。

　　我们并非只想了解消费者的时间和位置信息。卡车车队的领导也想掌握每辆卡车在某个时间点的位置，比萨店肯定想知道每名外送人员某个时间在什么地方，养宠物的人肯定想知道宠物在外面的什么地方，大型宴会中组织人员需要知道侍者四处走动的效率和响应顾客的速度。

　　从收集个人、资产的时间和位置数据开始，企业可以快速地进入大数据领域。如果这些信息能够频繁地更新就更好了。知道每辆卡车每天早晚的位置是一回事儿，知道每辆卡车每秒钟在哪儿就是另外一回事儿了。时间和位置数据被采用、应用的程度将越来越高，其造成的影响也将越来越大。

使用时间和位置数据

　　时间和位置数据是对隐私最敏感的一类大数据。我们面对的不仅有隐私问题，还有道德和伦理问题。我们是否要在孩子们的胳膊上安装芯片，以便当他们迷路时可以追踪到他们？老年痴呆患者离家出走或者擅自离开护理机构时我们应该怎么做？当然，时间和位置数据被滥用的可能性会相当高。但从好的方面想，它们被合理使用的可能性同样也会很高。下面我们来看一些例子。

　　可能很快人们就会在警察局和消防部门注册，并提供自己日常会去哪些地方的信息。这样，如果遇到洪水、火灾或封路这类大事件，人们会收到警察局和消防部门发送的警告信息，告诉他们即将路过的地方有情况，提醒他们绕道。如果人们可以主动避开是非之地，就能使交通中断的时间降到最低，这样每个人的时间都能节省下来。最后，在得到你的许可后，当地政府甚至可以接收你的实时位置信息。

　　一种初露端倪的数据使用方法是开发对时间和位置信息敏感的消息通知，这个市场的未来空间很大。通知不再局限于当天或本周，而是根据客户的时间和位置信息提供最适合的消息通知。现在的做法一般是由客户签到并告知他们的位置，这样他们就能接收到通知信息了。公司能够持续地跟踪到客户的动向，以做出相应的反应。

例如，可能用户会告诉你，他要在 5:30 分离开办公室回家，大约 5:45 到 6:00 之间会开车通过 5 号出口。他要找地方吃饭，并且想了解你的商店或餐馆那个时间有什么食物。你需要在那个时间那个地点提供匹配他的需求的可口饭菜。第二天早上才通过电子邮件告诉他相关的信息显然已经太迟了，我们要的是当他通过那个地方的那一刻就主动推送给他通知信息。

按照地点和时间主动推送通知信息

营销领域渐渐显露出来的一个趋势是，只对刚好处在某个时间段和某个地点的客户才针对性地推送通知信息。与根据大范围的时间和地点发送的通知相比，这种通知的效果更好，针对性更强。早期采用这种做法的企业已经取得了令人吃惊的效果。

当然管理这种通知的复杂性要高不少，因为我们要做的不只是跟踪每个人当周的服务推荐这么简单。我们需要关心的是每个用户每时每刻在什么地方，我们在这个时间点为他们推荐什么东西最合适。根据时间和位置推送通知确实大大地增加了复杂性，并且变得难以管理。但我们相信假以时日，如果我们做得不错，这种方式的转化率应该会远远超过传统的个性化推荐。历史经验反复地告诉我们，如果通知信息越精准，转化率就会越高。

使用此类数据的另一种模式是增强型社交网络分析。无线运营公司可以根据语音和文本交流信息识别出用户间的关系，借助时间和位置数据可以识别出哪些人在同一时间出现在了同一个地方。例如，哪些人在听音乐会或看电影？哪些人要去观看某一场体育比赛？哪些人在同一时间同一餐馆就餐？

如果能识别出哪些人大约在同一时间同一地点出现，就能识别出有哪些彼此不认识或者在同一个社交圈子里的人，但是他们都有着很多共同的爱好。想象一下，如果婚介服务能用这样的信息帮助我们找到自己的另一半那该有多好！我们可以鼓励人们建立联系，给他们提供符合个人身份或团体身份的产品推荐。

时间和位置数据不仅可以帮助我们理解客户的历史模式，还可以准确地预测客户未来会出现在什么地方。对于有固定习惯的客户尤其如此。如果我们知道某个人会在哪里出现，要往哪里去，我们就能预测出他们 10 分钟或一个小时以后会出现在哪里。如果我们知道客户以前在同一条路上去过哪里，我们就能更准确地做出他现在要去往何处的预测。我们最差也能大大地减少列表上的候选路线，这样就能支持更精准的营销。

未来几年间，时间和位置数据的应用会经历爆炸性的增长，面向消费者的选择流程和激励措施终将成熟。现在我们要小心行事，并在我们使用这些信息之前，获得用户的许可。使用时间和位置数据的消息通知将会更有针对性、更个性化。在不远的将来，如果通知信息不是根据时间和位置推送的，也许会被认为很土。

3.4 零售制造业：RFID 数据的价值

无线射频标签，即 RFID 标签，是安装在装运托盘或产品外包装上的一种微型标签。RFID 标签上有一个唯一的序列号，这个序列号与 UPC 类似的通用产品标识码不同。换言之，RFID 标签不仅能够识别出托盘上装的是 Model 123 电脑，还能识别出托盘上装运的是独一无二的、特定的一套 Model 123 电脑。

RFID 读卡器发出信号，RFID 标签返回响应信息。如果多个标签都在读卡器读取范围内，它们同样会对同一查询做出响应，这样辨识大量物品就会变得比较容易。即使当这些东西堆叠在一起或者放到了墙后面，只要信号可以穿透，我们就能得到响应信息。有了 RFID 标签，我们就不再需要人工记录和盘点每个商品，这样清点商品的时间就会缩短。

多数用于高价值应用外的 RFID 标签都是被动式的无源标签，意味着这些标签是没有内置电池的。读卡器的无线电波产生磁场，该磁场给标签提供了足够的能量，使得标签可以将内置信息发送出去。RFID 技术已经出现很长时间了，但成本问题限制了该应用的进一步推广。今天，无源标签的成本只有几美分，而且价格还在不断下跌。随着价格的不断下跌，实际应用情况将会出现持续增长。现在的 RFID 技术还有一些问题，例如，液体会屏蔽标签的信号。随着时间的推移，这些技术问题都将会得到有效的解决。

有些 RFID 应用很多人都曾经接触过，其中之一就是自动收费标签。有了它，司机通过高速公路收费站的时候就不需要再停车了。它的工作原理是，交通管理局在所发的卡中植入了 RFID 标签，同时高速公路上安装了读卡器；当汽车开过时，标签会把汽车数据传到读卡器，这样我们开车通过收费站就被记录下来了。

RFID 数据的另一个重要应用是资产跟踪。例如，一家公司想把其拥有的每一个 PC、桌椅、电视等资产都贴上标签。这些标签可以很好地帮助我们进行库存跟踪。跟踪这些物品。如果物品移出指定区域，它们就会发送警告信息。例如，我们可以把读卡器放在出口处，如果公司资产在没有被事先批准的情况下出门，警报很快就会响起来，这样就能起到安全警示的作用了。这种做法类似于零售商店里的物品标签，如果标签变为无效，警报就会被拉响。

RFID 最大的应用之一是制造业的托盘跟踪和零售业的物品跟踪。例如，制造商发往零售商的每一个托盘上都有标签，这样可以很方便地记录哪些货物在某个配送中心或者商店。最终，商店中价格很低的商品也可以配备 RFID 芯片，或者使用一种类似的新技术。现在我们已经明白了 RFID 数据是什么，下面我们来看一看 RFID 数据可以从哪些方面来改善当前的商业模式。

使用无线射频标签数据

RFID 的一种增值应用是识别零售商货架上有没有相应的商品。如果读卡器能够连续不断地确定货架上每种商品的存量，当需要重新配货的时候，我们就能得到准确的信息。使用 RFID 可以更好地跟踪货架的供应状况，因为商品脱销和有商品可供应的状态是完全不同的。一种可能的情况是，商店货架上没有该商品了，但后面储藏室里还有 5 件该商品。

在这种情况下，任何传统的商品脱销分析都会显示货架上现在仍有存货，因此不需要担心。当销售业绩开始下滑时，人们才会发现问题所在。如果有 RFID 标签，就可以跟踪到储藏室中还有 5 件该商品，但货架上却没有该商品了。这样，我们只需要简单地从储藏室把商品搬到货架上就能解决问题。这个例子在成本和技术上有一些挑战，但现在大家正在努力克服这些困难。

RFID 还能很好地帮助我们跟踪促销展示影响的效果。通常在促销过程中，商品要摆在商店的许多地点进行展示。从传统的 POS 数据中，我们可以知道促销商品的销量，但我们不知道销售来自于哪个展示点。通过 RFID 标签我们可以识别出商品是从哪个展示点销售出去的，这样我们就能评估不同的地点对销售效果的影响。

RFID 如果和其他数据结合起来，就能发挥更大的威力。如果公司可以收集配送中心里的温度数据，当出现掉电或者其他极端事件时，我们就能跟踪到商品的损坏程度。也许仓库某一区域在停电期间的温度高达 90 摄氏度，且时间长达 90 分钟。有了 RFID，我们就能准确地知道在那个时刻哪些托盘位于配送中心的那个区域内，然后我们就能采取相应的行动。仓库数据还可以和装运数据匹配起来，如果商品发生了损坏，公司可以有针对性地召回商品，并通知零售商当商品抵达时再次对商品进行开箱检查。

● 组合显神通

就像许多其他大数据源一样，RFID 数据本身并不能发挥所有的威力。当与其他数据组合起来使用时，它们就能发挥作用。大数据战略的目标是把大数据和其他数据整合到同一个处理流程中，这一点再怎么强调也不为过。使用大数据并不是一个孤立的工作。

RFID 还有一些操作型应用。有些配送中心商品管理不严格，导致商品损坏程度很高。对于某些团队，甚至某些工人来说确实如此。人力资源（HR）系统会报告谁在任意时间点上工作。当 RFID 数据和这类数据组合起来，就能显示出商品何时被移动了，还能识别出损坏、损耗、偷窃商品概率更高的员工。数据的组合使用，使我们能够采取更强大、质量更高的行动。

RFID 有一种非常有趣的未来应用是跟踪商店购物活动，就像跟踪 Web 购物行为一样。如果 RFID 读卡器植入购物车中，我们就能准确地知道哪些客户把什么东西放进了购物车，也能准确地知道他们的放入顺序。即使并非每种物品都配有标签，我们仍然可以识别出购物车经过的道路。通过在店面中使用 RFID，第 2 章讨论的 Web 数据所能带来的诸多好处都将变成现实。最后两个例子必须考虑隐私问题，因为也许顾客根本不想让他们的购物行为被跟踪。我们可以采用"匿名"购物的方法，不对产生数据的人进行方位识别。

RFID 的最后一种应用是识别欺诈犯罪活动，归还偷盗物品。如果物品贴有 RFID 标签，零售商可以通过标签的 ID 进行识别，确定返还物品是否属于偷走的同一批产品，并采取适当的行动。事实上，关键在于 RFID 的 ID 可以作为收据的一部分，辅助返还流程。零售商知道购买商品上贴的是哪个 RFID 标签，而不是像平常那样只知道你购买了某种商品。当我们来到退货台，要把贴有那个标签的商品退还。我们肯定不能从货架上拿下来另外一个一模一样的商品，假装跟收据一起返还。以这种方式来使用 RFID，欺诈将会变得无比困难。

未来几年 RFID 有可能会对制造业和零售业产生巨大的影响。与许多人的期望不同，RFID 的接受速度要慢一些。但 RFID 标签价格在持续下跌，标签和读卡器的质量却在不断上升，从经济的角度考虑，RFID 的应用将会更加广泛。

3.5　电力行业：智能电网数据的价值

智能电网是下一代电力基础设施。与我们周围经常见到的高压电传输相比，智能电网更先进更可靠。智能电网有非常复杂的监控、通信和发电系统，可以提供稳定如一的服务，如果出现停电和其他问题，可以更好更快地恢复。各类传感器和监控设备记录了电网本身和流经电流的许多信息。

智能电网中的一个环节是我们经常提到的智能电表。智能电表是一种传统电表的替代品。从外观上看，智能电表和我们一直使用的电表没有什么不同，但智能电表的功能更强大。以前抄表人员都是每隔几周或几个月就挨家挨户地抄电表，而智能电表可以每隔 15 分钟到 1 小时从每一个家庭或企业自动地收集数据，甚至可以跨区或者跨电网收集数据。

虽然我们这里关注的是智能电表，但在智能电网中大量使用的传感器也值得一提。这些遍布智能电网但我们却看不到的传感器，它们收集到的数据从规模上使智能电表数据相形见绌。传感器每秒要从发电系统读取 60 次同步向量测量值，与记录家用电器开关状态的家庭网络一样，它们都是大数据的例子。普通人并不知道这些传感器的存在，但它们对电网来说十分重要。传感器要读取所有的电流数据和智能电网的设备状态，数据量非常非常大。

智能电网技术已经在欧洲和美洲的某些地方开始使用了。我们相信在不久的将来，世界上每一处电网都会被智能电网取代。电力公司因为使用了智能电网，它们所掌握的耗电数据量会以指数级增长。这类数据要怎样使用？下面我们来看一下。

使用智能电网数据

从用电管理的角度来看，智能电表数据可以帮助人们更好地理解电网中客户的需求层次。此外，这些数据也可以使消费者受益。例如业主可以选择把待测试的电器打开，与此同时保持其他电器的稳定，这时从智能电表处可以监控到详细的电力消耗情况，这样我们就可以明确地测量出各种电器究竟消耗了多少电量。

世界各国的电力公司现在都已经在积极地转向这样的定价模型，即按时间或需求量的变化来定价，智能电网的出现加速了这种趋势。电力公司的主要目标之一是利用新的定价程序来影响客户行为，减少高峰时段的用电量。为了应对用电高峰需要另建发电站，需要一大笔钱而且还会对环境造成很大的影响。如果用电成本可以灵活地根据时间来设定，并由智能电表来测量，我们就可以促使客户改变他们的用电行为。较低的峰值和较为平稳的用电需求等同于更少的对新基础设施的需求和更低的成本。

当然电力公司通过智能电表提供的数据还能识别出其他的各类趋势。哪些地方的用电量有所回落？哪些消费者每天或每周的用电需求比较相同？电力公司可以根据使用模式对客户进行分类，可以选择针对某些特定的群体开发产品和活动。使用这些数据我们还可以识别模式出现异常的那些地方，它们揭示了需要解决的问题。

实际上，电力公司有能力执行其他行业已经使用多年的客户分析工作。例如，电话公司知道我们月底的所有账单，但并不知道我们具体的通话。零售商店只知道整体销售状况，而不知道任何购买的细节信息。一家金融机构知道我们的月终余额，但并不了解我们这个月的资金流动状况。从很多方面讲，电力公司面对的这类数据对于理解客户而言仍略显不足。它们也有简单的月终汇总数据，但这种月结数据往往是估计值而不是实际的耗电量。

⬤ 大数据可以改变一个行业

有时候，大数据真的可以改变一个行业，可以把分析应用提升到一个全新的高度。电力行业使用的智能电网数据就是一个这样的例子。不再受每月一次抄表的限制，耗电信息会以秒钟或分钟为间隔被测量。遍布电网的精巧传感器，使数据的使用变得与以往完全不同。以此开展的数据分析会在费率套餐、用电管理等诸多方面产生很多创新。

有了智能电表数据，我们就可以进行全新的分析，使大众全都受益。消费者可以根据自己的使用模式定制费率套餐，就像车载信息服务支持个性化的汽车保险费率那样。高峰时段用电客户比非高峰时段用电客户的收费要高。面对这样的刺激政策,我们会改变自己的用电模式,可能我们会在下午晚些时候再使用洗碗机而不是吃完午饭就马上使用。

电力公司也会有更准确的需求预测,它们能更清晰地识别出需求来自于哪些地方。它们还能了解某一类客户在某个时间的用电需求。电力公司可以使用不同的方法来驱动各种行为,使需求更加平稳,并降低异常需求峰值出现的频率。所有这些都会使对昂贵的新发电设备的需求受到抑制。

每一个家庭、每一个行业都能感受到智能电表数据产生的威力,这些数据能够让我们更好地跟踪、更积极地管理用电情况。我们不仅能节约用电,也能使这个世界更加低碳,还可以帮助大家省钱。如果我们能清楚地知道自己的耗电量比预期要多,我们肯定就会根据需要做出适当的调整。如果只使用每月账单,我们将无法识别出这种机会。但是,智能电表数据将使这一切变得简单。

3.6　博彩业:筹码跟踪数据的价值

前面我们已经讨论了 RFID 技术是如何应用在零售业和制造业的。RFID 技术的用途实际上更广泛,许多应用都会产生大数据。RFID 标签的另外一种应用是贴在赌场用的筹码上面。每一个筹码,特别是高价值的筹码都有自己的内置标签,这样赌场就可以通过标签的串行编号实现唯一的识别。

赌场里用的老虎机已经被跟踪了许多年。一旦我们在老虎机上刷了经常使用的玩家卡或者信用卡,那我们每次搬动手柄按下按键的动作就会被跟踪。当然你的赌注和你赢的钱也会被跟踪。虽然老虎机模式的分析历史悠久,但赌场仍然没有从桌面游戏中捕捉到足够多的细节。现在这个过程正在发生变化,标签已经开始被植入游戏筹码。

以前赌场会用功能强大的安全摄像头网络跟踪筹码,地勤人员的工作是保证筹码上下左右的移动是合理的。赌台经理要寻找常客,估算他们的平均投注和玩的时间,并给这种常客奖励。虽然赌台经理精于此道,同时还能获得其他人员的帮助,但游戏奖励多多少少总会不够准确。如果被监视的玩家碰巧比平常投注多那么一点或少那么一点,就会发生这种不准确的情况。有些玩家如果认为他们自己正在被监视,他们会利用系统规则增加投注来牟利。

同类技术可以驱动多种大数据流

零售商和制造商都使用了 RFID 技术。博彩行业也是如此。它们使用 RFID 的方法有许多不同之处，但也有许多相似之处。最有趣的是，一种技术可以在不同的行业使用，形成各个行业独特的大数据源。

筹码跟踪是一种特殊的 RFID 应用，除了这个例子外，RFID 还有很多其他的应用。这个例子说明了一些底层相同的技术可以支持不同的大数据流，这些大数据流本质相同，但范围和应用却完全不同。让我们兴奋的是，这种基础技术有着完全不同的用处，产生了多种行业里形式各异的大数据。

 使用筹码跟踪数据

使用筹码标签的一个明显优点是可以准确地跟踪每位玩家下的赌注。标签可以保证玩家在经常性的玩家活动中赚到所有的积分，不会多也不会少。这就给玩家和赌场同时带来了好处。对于赌场而言，资源可以更准确地配置给正确的玩家，过度奖励错误的玩家和过少奖励正确的玩家都会导致有限营销资源的非最优分配，而玩家当然希望他们的积分永远准确无误。

有了玩家的赌注数据，赌场就可以更好地对玩家进行分类，以理解投注模式。谁会每次先下注 5 美元，但几乎每隔一段时间就把投注升到 100 美元呢？谁会每次下注 10 美元？可以根据这些模式对玩家进行分类。投注模式还能揭示 21 点博彩游戏中谁在算牌，因为如果玩家使用算牌技巧的话，某种赌注模式就会凸显出来。

赌场使用筹码跟踪技术，玩家想要主动欺骗赌场将会变得更困难，甚至连庄家想犯错都比较困难。因为筹码的投注和分红都可以被跟踪到，我们可以很容易地回过头来对比视频，检查 21 点某一次出牌或者分红的结果。即使胳膊和头挡住了我们的视线，看不清楚拿起来或者放下去的筹码，但 RFID 数据依然可以提供细节信息。赌场可以识别发生的错误或者欺诈。譬如说当庄家往另一个方向看的时候，玩家放下了一笔筹码。

时段分析可以识别出庄家或玩家犯下异常错误的数目。它可以帮助我们处理欺诈活动，或者对犯下大量简单错误的庄家进行额外培训。筹码计算错误也会因之而下降，统计大量各种面额的筹码是非常单调的工作，人们往往会在这个过程中犯错，RFID 支持更快更准确的计算。

将前面这个例子讲得更深入一点儿，对小偷来说，跟踪每个筹码的举措具有相当强的威慑作用。如果一摞筹码被偷走了，那些筹码的标识就会被标记成"已被偷"。如果有人进来兑换这些筹码，甚至拿着这些筹码坐到桌子旁边，系统就会注意到，并拉响安全警报。如果小偷偷走或者更换了这些筹码，那标签就不能被读取。赌场清楚筹码的 ID，它们希望所有的筹码都报告一个合法的 ID。如果某个筹码没有报告 ID，或者报告的 ID 不合法，那它们就会采取措施。

就像其他行业一样，赌场对欺诈行为阻止得越多，分红就会越合理，风险也就会越低。因为费用支出比较少，这样我们就有能力给玩家提供更好的服务和投注赔率。对于赌场和玩家而言，这是双赢。

3.7　工业发动机和设备：传感器数据的价值

世界各地安装了许多复杂的机器和发动机，例如，飞机、火车、军车、建筑设备、钻孔设备等。因为造价昂贵，保持这些设备的稳定运转是非常重要的。近些年来，从飞机发动机到坦克等各种机器上也开始使用嵌入式传感器，目标是以秒或毫秒为单位来监控设备的状态。

监测工作可以做得相当细，特别是在测试和开发过程中。例如，当新的发动机开发出来，就得依靠获取到的足够多的细节信息，来检查发动机是否可以按照预期设定的方式工作。一旦新发动机进入市场，再想更换有缺陷的部件的花费会相当高，因此我们需要事先详细地进行性能分析。监测是一项不断持续的活动。也许我们并不需要持续收集每一毫秒的细节信息，但如果能够收集到大量的细节信息，我们就可以评估该设备的生命周期，识别出重复出现的问题。

例如，发动机传感器可以收集到从温度到每分钟转数、燃料摄入率再到油压级别等信息，而数据可以根据预先设定的频率获取。当读数频率、读取指标数量和监控项目数量增加时，数据量会迅速增加。为什么我们要关心这一点？下面我们来看一些例子。

使用传感器数据

发动机的结构很复杂，有很多移动部件，必须在高温下运转，会经历各种各样的运转状况。因为它们的成本太高，所以期望寿命越长越好。因此，稳定的、可预测的性能就变得异常重要，因为机器的寿命依赖于此。例如，对故障飞机进行保养维修会花掉航空公司或者空军部队一笔不小的钱，但这种事情我们还必须做，因为我们要识别出飞机是否存在安全隐患。因此，飞机或者飞机发动机以及其他设备的停机时间一定要降到最低，航空公司或者空军部队对此都有非常迫切的需求。

停机时间最小化策略包括准备备件或后备发动机快速割接时需要维修的设备、从诊断结果中快速识别需要更换的部件、针对问题部件投资开发更可靠的新版本。要想有效实施这 3 种策略，必须得有数据。我们要用数据生成诊断算法，或者用数据作为输入来诊断某个特定的问题。工程部门可以使用传感器数据准确地定位问题的原因，设计新的措施支持更长、更可靠的操作。不管发动机是飞机的，还是船只的，或者是陆地设备的，这些考虑因素都适用。

通过提取和分析详细的发动机运转数据，我们可以精确地定位那些会导致立即失效的某些模式。然后我们就能识别出会降低发动机寿命的时间分段模式以及更加频繁的维修。多个变量的排列组合数目，特别是一段时间内的排列组合数目，使得这类数据分析活动变成了一项挑战。这个过程不仅会涉及大数据，就连随之开发出来的分析也会变得异常复杂和困难。以下是我们可以研究的一些问题。

- 压力骤然下降是否表示一定就会出问题？

- 温度在几小时内持续下降是否意味着还有其他问题？

- 振动水平异常是否意味着有问题？

- 发动机启动时的飞速转动是否让某些部件的性能严重受损，而且还会增加维修的次数？

- 几个月内油压一直比较低，是否会使发动机的某些部件受损？

结构化数据内缺少结构性

传感器数据给我们带来了一个非常艰巨的挑战。虽然我们收集到的数据是结构化的，独立的数据元素也很好理解，但元素之间的时间关系和模式却根本无法理解。延时和无法测量的外部因素增加了问题的复杂性。如果要考虑所有的信息，识别各种数据长期的作用效果，这个过程会异常复杂。拥有结构化数据并不一定能够保证分析方法就是高度结构化和标准化的。

在出现严重问题的时候，先回头去检查当时发生了什么，一直检查到问题自己露出马脚，这种做法会非常奏效。传感器的作用类似于依靠飞机黑匣子的帮助诊断失事原因。发动机传感器数据可以用于诊断活动和研究行为。从概念上讲，相对于先前我们讲到的汽车保险案例中的信息服务设备，我们这里讨论的传感器是一种更复杂的形式。传感器不断感知周围环境并获得数据信息，这是大数据世界中反复讨论的一个主题。虽然我们这里讨论的是发动机，但传感器还有数不清的各类用途，这里讨论的原则也同样适用。

如果大量传感器都长时间重复着传感器数据收集流程，那会产生大量丰富的分析数据。只要好好地分析这些数据，就能发现设备的缺陷，就有机会主动修复这些问题。我们还可以把设备中的弱点先行识别出来。随后，我们可以制定好流程，缓解这些发现带来的问题。这些措施带来的收益不只是安全级别的提升，还会让我们的成本下降。使用传感器数据，发动机和设备都会更加安全，能够提供服务的时间就会比较长，这样运营会比较平稳，成本也会比较低。这是一种通赢的做法。

3.8　视频游戏：遥测数据的价值

遥测数据是视频游戏产业的一个术语，用来描述捕捉游戏活动的状况。其概念与我们在第 2 章所讲的网络大数据无异，这是因为遥测数据收集的是玩家在游戏中的活动情况。遥测数据的收集对象多数情况是在线游戏而非掌上游戏。

在曲棍球比赛中，遥测数据收集的是运动员在击球进门时，何时进的球，用的哪种击球方法，球速多少。在战争游戏中，遥测数据收集的是用哪种枪械开的火，在哪里开的火，向哪个方向开的火，枪械对各种东西的破坏程度。从理论上讲，相关场景和活动的所有细节都能够被收集到。

视频游戏制造商从中不仅可以很容易地了解到有多少客户购买了游戏软件，还能知道游戏被玩了多少个小时。使用遥测数据，游戏制造商可以了解到客户的私人信息，他们实际的玩法，他们是如何与自己创建的游戏进行交互的。我们收集到的游戏数据可能会很大，但视频游戏行业已经开始积极地分析这些数据了。遥测数据对很多领域都产生了影响。从遥测数据的优势和用途来看，很容易发现它和网络数据之间的相似性。下面我们来看一些例子。

使用遥测数据

许多游戏都通过订阅模式挣钱，因此维持刷新率对这些游戏就会非常重要。通过挖掘玩家的游戏模式，我们就可以了解到哪些游戏行为是与刷新率相关的，哪些是无关的。例如，也许在体育游戏比赛时，使用某些辅助功能会大大提升刷新率。游戏制造商会采取措施来吸引玩家尝试比赛，以诱使他们使用以前不曾使用过的功能。

⬤ 遥测数据只会越来越大

现在，遥测数据捕捉的对象大多是控制手柄或键盘行为。随着交互式游戏的发展，它们可以做到跟踪玩家的动作，而不是依赖于控制手柄，数据量也会因此激增。了解玩家在什么时间按下了什么按钮，这类数据量要比了解他身体上的某个部位在某个时刻的空间位置以及移动方向和速度小得多。

比较新的游戏往往喜欢让玩家花一点小钱在游戏过程中购买物品，这就是所谓的微交易（microtransaction）。例如，一种特殊的武器只卖 10 美分。我们可以对游戏进行分析，识别出在哪些地方这类微交易的成功率会比较高。也许游戏中的某个地点提供一种非常顺手的武器，这种武器会引起玩家的疯抢。我们可以使用屏幕的快速提示来告诉玩家现在有武器可以购买，这样许多玩家都会选择购买该武器装备。

与其他行业类似，在视频游戏产业中，客户满意度同样也是一个大问题。视频游戏的独特之处在于要设置一条非常非常精彩的行进路线。游戏要给玩家提供挑战机会，但挑战不能过度，过度的挑战会让玩家有挫败感进而放弃游戏。如果游戏过于简单或者过于复杂，玩家就会感到厌倦并转向其他游戏。

通过游戏分析，我们能够识别出游戏中哪些关卡每名玩家都能轻松过关，哪些关卡即使是最顶级的玩家也很难过关。我们可以增加或减少这些地方的敌人，尽量使难度等级比较平衡。平衡的游戏难度等级可以为玩家提供更加一致的体验，也会让他们更有满足感。这样会导致更高的刷新率和更多的购买行为。

通过遥测数据，玩家还可以根据游戏风格进行分类。使用这类信息既可以设计出更优秀的游戏，又能交叉销售现有的产品。其中某个玩家族群可以全身心地投入到游戏通关中，而另一个玩家族群可以负责在通关前收集所有的奖品，最后一个玩家族群则可以在收关前探索关卡中的所有角落。通过这种组合，每个玩家都可以在游戏中使用自己最喜欢的游戏方法进行训练。

遥测数据能够了解到玩家的认知层次，基于此可以改变整个游戏业。游戏业已经开始使用遥测数据，相信在不久的将来这个领域将会得到长足的发展。依据遥测数据分析的效果，游戏制作和推广的方式将会发生巨大的改变。

3.9 电信业与其他行业：社交网络数据的价值

与传统数据相比，社交网络数据本身就是一种大数据源，即使从很多方面来看，它更像是一种分析方法学。其中的原因在于，执行社交网络分析的过程需要处理已经无比庞大的数据集，此外，还要使用行之有效的方法将处理规模提升几个数量级。

有人会争辩说，移动运营商拿到的全部移动电话的话单或者短信记录本身就是大数据，且这种数据可以用于多种用途。但是，社交网络分析关注多个关系维度而非单个维度，从而可以做到更上一层楼。这也就是社交网络分析可以把传统的数据源变成大数据的原因。

对于现代电话公司，仅仅看通话量是不够的，电话公司还需要把通话作为独立实体进行分析。社交网络分析首先要看有哪些人参与了通话，然后再用更深入的视角进行分析。我们不仅要知道自己给谁打了电话，还要知道我致电的那个人还给谁打了电话，这些人接下来又打给了什么人，依此类推。要想得到社交网络的全景图，我们就得触及系统能够处理的上限。多层客户与客户之间的导航关联以及多层通话都会使得数据量倍增。此外，它还增加了分析的难度，尤其是使用传统工具时的分析难度。

同样的概念也适用于社交网络站点。通过分析社交网络中的某个成员，不难分析出这个成员有多少关联关系，她发短信的频率，她访问站点的频率，以及其他一些指标。但是，当成员与其朋友、与朋友的朋友、与朋友的朋友的朋友都有关联关系时，这时了解网络边界所需要的处理量就会大得多。

一千个成员或用户不难跟踪。但是，他们之间的直接关联关系会上升到百万级别，而再考虑到"朋友的朋友"则会升至十亿级别。这就是社交网络分析是一个大数据问题的原因所在。今天，已经有了大量的应用来分析这种关联关系。

使用社交网络数据

社交网络数据及分析有一些影响深远的应用，其中一种重要的应用正在改变着公司评价客户的行为。和以前只看个人的情况不同，现在参考的是他们的网络整体价值。我们这里谈的例子也同样适用于许多其他的行业，在这些行业里我们同样需要了解人与人或者群体与群体之间的关系，但现在我们关注的是手机用户，因为在这里这种方法的应用范围最广。

假定电信运营商有一个价值相对较低的用户。这名用户只有基本的通话需求，不会为运营商带来任何增值收入。事实也是，不能创造利润的客户就是没有价值的。运营商以往的做法是，只根据他或她的个人账户来对其进行评价。以前如果这名客户打电话投诉或者威胁要更换运营商，公司可能不会挽留他，因为它们认为这名客户并不值得挽留。

使用社交网络分析技术，虽然我们的客户通话账单看似价值不高，但我们可以识别出客户曾经和某些人通过电话，而这些人是有着广泛交际圈的重量级人物。换句话说，客户联系对运营商而言是非常有价值的信息。研究表明，一旦某位成员离开通话的圈子，其他成员很可能会跟着离开，更多的成员开始离开，就像传染病一样。很快，圈内成员开始雪崩般地离开，显然这是坏事一桩。

● 超越个人价值

社交网络数据非常吸引人的一个好处是，它能够识别出客户能影响的整体收入，而不仅仅是他或她自己提供的直接收入。不同的角度会大大影响投资某个客户的决策。能够产生高影响力的客户需要被细心照料，因为他们能产生本身直接价值以外的更大价值。如果要使其网络整体利益最大化，这种最大化的优先级要高于其个体利益的最大化。

使用社交网络分析，我们可以理解本例中客户对企业的总体价值而非只是其所产生的直接价值。这种处理客户的决策完全不同。电信运营商对客户过度投资的原因是要维护客户网络。我们可以准备好商业案例来维护更广的客户圈，而不只是保护客户个体的价值。

上面的这个例子非常棒，它解释了大数据分析是怎样在以往未曾出现过的新决策环境中产生重大价值的。如果没有大数据，客户会被批准更换运营商，当他的朋友们也随之而去，电信运营商将看到雪崩般的损失。现在目标已经从个体账户的利益最大化转向了客户社交网络利益的最大化。

识别有着广泛联系的客户也能帮助我们把注意力放到最能影响品牌形象的地方。我们可以给有广泛联系的客户自由试用的机会，并记录下他们的反馈。我们要做出努力，让客户主动地参与公司的社交网站站点，激励客户写评论和表达观点。有些公司积极地招募有影响力的客户，给他们奖励、提前试用的机会和其他好处。作为回报，那些有影响力的客户会持续地发挥他们的影响力，因为如果受到优待，他们的语气往往会更加积极主动。

LinkedIn 或 Facebook 等社交网站正在利用社交网络分析技术来洞察哪些广告会对何种用户构成吸引。我们关心的并不仅仅是客户自己表达的兴趣，与此同等重要的是，我们还要了解他的朋友圈和同事圈对什么有兴趣。社交成员永远也不会在社交网站上表露自己的全部兴趣，我们也不可能了解到关于他的所有细节。但是，如果客户一大部分朋友都对骑单车感兴趣，我们就可以推导出这名客户也对单车有兴趣，即使他永远也没有直接表达过。

执法部门和反恐部门也可以从社交网络分析中受益。我们可以识别出哪些人和问题人群或者问题个人有联系，甚至有间接联系。我们通常把这类分析称为链接分析。有可能是某个个人或者群体、甚至是某个俱乐部或者餐馆跟坏人有联系。如果我们发现有人和许多坏人在多个地方出入，他或她就会被定位，我们会认为这些人值得更深入地监控分析。虽然这会涉及隐私问题，但实际上这种分析已经开始被使用。

对于在线视频游戏领域，这类分析也是有价值的。谁在和谁玩？游戏内部的模式是如何变化的？社交网络分析拓展了前面讲到的遥测数据的应用范围。我们可以识别出某位玩家在不同游戏中的首选伙伴。前面我们已经讨论过如何根据玩家个人的玩法对玩家进行分类。玩法相近的那些玩家已经在组队玩游戏了吗？玩家们需要的是不是混搭风格？了解这类信息就可以知道游戏制造商是不是想让玩家组队玩游戏（例如，对玩家提出建议，当玩家登录并开始玩游戏的时候，他应该优先选择加入哪个编组）。

关于组织之间联系的方式还有不少有趣的研究。这些研究最开始关注的是通过电子邮件、电话、短信建立起来的联系。公司各部门之间是不是按照期望的方式在联络？是不是有些员工通过典型渠道之外的方法在联系呢？谁在内部拥有广泛的影响力，且是参与研究如何更好地改善公司内部沟通机制的最佳人选？这类分析可以帮助公司更好地理解人与人之间的沟通方式。

社交网络分析的流行度和影响度一定会持续下去。因为社交网络分析流程本身会保持指数级的增长态势，因而数据源就会变得比初始构想的要大得多。也许最有效的功能是提供关于客户整体影响和价值的洞察，而这种洞察可以完全颠覆企业对客户的看法。

3.10　本章小结

以下是本章的主要内容。

- 虽然各行各业都有广泛的大数据源，但它们仍有一些共同的主题。虽然目的不同，但各行各业都使用了相同的底层技术，如 RFID。

- 许多大数据源都有隐私问题，我们一定要始终慎重对待这个问题。

- 车载信息服务数据可以针对汽车保险政策提供更好的定价策略。但是，我们收集的车载数据也有可能会使交通管理和道路规划发生革命性的改变。

- 文本数据是最大的，也是应用最广泛的一类大数据源。一般来说，我们关心的是如何从文本中提取到重要的事实，然后如何使用这些事实作为其他分析流程的输入。

- 时间和位置数据的影响力越来越大。为了在某个时间和地点给客户提供针对性的信息，公司必须要利用更复杂的信息。

- 在零售业和制造业，RFID 数据开始支持新的分析应用，从库存分析到欺诈分析，再到员工绩效分析。

- 智能电网不但能使电力公司更好地管理电网，而且消费者也可以更好地控制自己的用电量。

- 使用 RFID 标签跟踪筹码可以帮助赌场更准确地跟踪玩家的活动，同时降低付款错误和作弊的次数。

- 传感器数据可以提供关于发动机和设备性能的有力信息，还能用来更方便地诊断问题，更快地开发解决问题的程序。

- 视频游戏制造商可以使用遥测数据更好地定位微交易，改善游戏流程，通过游戏风格对玩家进行分群。

社交网络数据滋生出很多种新的客户评价方法。在电信业，社交网络分析已经把焦点从账户盈利分析转向了社交网络盈利分析。

第二部分

驾驭大数据：
技术、流程以及方法

第 4 章

分析可扩展性的演进

不言而喻,大数据的世界需要更高层次的可扩展性。随着公司处理的数据量持续增长,原有的数据处理方法已经无法应对现有的数据量。那些没有更新技术以提供更高层次的可扩展性的企业,将无法应对大数据带来的数据处理压力。幸运的是,在大数据处理、分析与应用的不同层面中,有很多技术可供使用。其中有些技术还非常新,而大数据领域的公司也需要与时俱进。

这一章会讨论能够帮助我们驾驭大数据的几种重要技术:分析与数据环境的关联性、海量并行处理架构(Massively Parallel Processing,MPP)、云计算、网格计算以及 MapReduce。

开始讲述具体内容以前,请记住本书的定位并不是一本技术书籍。这一章,以及随后的第 5 章与第 6 章,将会是技术性内容最多的章节,但是所有的技术内容都将局限在概念层面,以确保技术背景不深的读者也可以轻松地理解。为了达到这个目标,本书对某些技术细节进行了一定程度的简化处理。如果读者想了解更多的技术细节,可以阅读专注于技术本身的其他书籍。

4.1 分析可扩展性的历史

在 20 世纪初期,进行数据分析是一件非常非常困难的事情。如果要进行某些深入分析,例如,建立预测模型,则需要完全依靠人们手工进行各种统计运算。举个例子,为了构建一个线性回归模型,人们不得不手工计算矩阵并进行矩阵的转置运算，连矩阵参数估计的计算也需要手工进行。当时人们已经拥有了一些基础的计算辅助工具，但绝大部分计算过程还是需要依靠手工来完成。在那个时代，获得分析所需的数据是很困难的事情，但是使用这些数据更加困难。那个时代人们几乎没有任何形式的可扩展分析能力。

计算尺的出现让情况稍有好转，20 世纪 70 年代出现的计算器使更大数据量的计算变得更容易了一些，但是那个时候的计算器可以处理的数据规模仍然十分有限。20 世纪 80 年代进入主流市场的计算机，真正地把人们从烦琐的手工计算中彻底解脱了出来。然而，20 世纪 80 年代之前出现的计算机只有极少数人可以接触到，而且这些计算机都极为昂贵，操作也相当困难。

几十年过去了，现在人们处理的数据已经远远超过了手工处理时代的数据规模。随着数据规模的快速增长，计算机处理数据的能力也在不断增强，人们已经不再需要进行手工计算了，但海量数据仍然给计算机与数据存储带来了巨大的挑战。

随着数据处理与分析技术的飞速发展，人们可以处理的数据规模也变得越来越大得"可怕"。十几年前，只有超大型企业或某些预算充足的政府部门才可以处理 TB 量级的数据。在 2000 年，只有那些最领先的公司才拥有 TB 量级的数据库，而今天只需要 100 美元就可以为你的个人计算机买一个 1TB 的硬盘。到了 2012 年，很多小型企业内部数据库的数据规模都超过了 1TB，某些领先公司的数据库已经达到了 PB 量级的规模。仅仅过了十来年，数据规模就至少扩大了 1 000 倍！

此外，随着新的大数据源的出现，数据规模将达到一个新的量级。有些大数据的数据源在仅仅几天或几周，甚至是几个小时内，就可以生成 TB 或 PB 量级的数据，数据处理的极限又将面临一次新的挑战。历史上人们驾驭了那些当时看起来很"可怕"的数据，随着时间的推移，这次大数据带来的海量数据也终将被再次驾驭。

在这个时代，一个刚走进大学的一年级新生，他的计算机可能就拥有好几个 PB 的数据，他会在一些存储了 EB 甚至是 ZB 数据的系统上工作，他们希望这个系统能在几秒或者几分钟内给出计算结果，而不是几小时或几天。表 4-1 列出了目前人们使用的数据规模计量单位，以及随着数据规模扩大而新出现的计量单位。在历史上，第一个探索并成功突破数据极限的人获得了丰厚的回报，未来也一定会这样。

表 4-1　数据规模的衡量单位

1 024 个单位的……	……等于 1 个单位的	注释
KM（kilobyte）	MB	一张音乐 CD 光盘拥有 600 MB 数据
MB（megabyte）	GB	1 GB 可以存储的数据量，等于书架上叠起来大概 9 m 多高的书籍
GB（gigabyte）	TB	10 TB 可以存储美国国会图书馆的全部信息
TB（terabyte）	PB	1 PB 可以存储的文本，如果打印出来可以装满 2000 万个 4 门的书柜
PB（petabyte）	EB	5 EB 的信息量等于全人类曾经说过的全部词语
EB（exabyte）	ZB	使用现在最快的宽带，下载 1 ZB 的信息需要至少 110 亿年
ZB（zettabyte）	YB（Yottabyte）	互联网的全部信息量加起来大概是 1 YB

4.2　分析与数据环境的关联性

在过去，分析专家在进行分析时把所需的所有数据导入一个独立的分析环境中，这常常是不可避免的。分析专家需要的数据大都不在一个地方，而分析专家使用的分析工具通常也无法直接对这些数据集进行分析，唯一可行的选择就是把数据汇集到一个独立的分析环境中，然后再进行各种分析。分析专家最常做的工作是各种高级分析，包括数据挖掘、预测模型和其他的一些复杂技术，我们会在第 7 章讨论这些内容。

数据分析师早期做的事情与数据仓库有着有趣的相似性。当人们仔细思考数据分析与数据仓库，常常会惊讶于这两者竟然如此相似。分析师一直在处理各种不同的数据集，这些分析师定义的数据集与数据库里的表并没有本质区别。与数据库里的表一样，分析数据集也有行和列，每一行数据通常代表了某一实体，如一个客户，而不同列则是这个实体的各种信息，如客户名称、消费水平、当前状态等。

分析师一直在把不同数据集"整合"在一起进行分析。猜猜看？数据库里也有一个完全一样的操作，即库内数据表的"连接"。"整合"与"连接"都需要把两个或者更多的数据集或库内数据表进行关联，即把某个数据集或表的某些行数据与另一个数据集或表的某些行数据连接在一起。例如，某一个数据集或表里有客户的人口统计类信息，另外一个数据集或表里有客户的消费支出，把这两个数据集或表关联起来，我们将同时获得每个客户的人口统计与消费支出信息。

另外，分析师还经常做一项叫作"数据准备"的工作。在这项工作中，分析师抽取不同数据源的数据，把这些数据汇集在一起，然后建立分析所需的各种变量。在数据仓库中，我们把这个过程叫作"提取（Extract），转换（Transform）和加载（Load）"，简称为 ETL 过程。从本质上讲，在数据集市和数据仓库还没有被发明前，分析师们就一直在开发个性化的数据集市或数据仓库了！区别在于，分析师是根据自己的使用需要为不同项目进行开发，而数据集市和数据仓库通常遵循一个标准化的开发过程，并开放给很多人使用。

20 年以前，大多数分析师都在主机系统上进行分析。主机系统里的数据都存储在类似大圆盘的磁带库上。为了让自己的工作能在截止日期前顺利完成，我还记得曾经给主机系统的管理员打电话，请求他们早点加载我的磁带库数据。随着时代的变迁，一个重大的变革出现了，那就是关系型数据库。

关系型数据库管理系统（Relational Database Management System，RDBMS）很快就流行了起来，并且显著增强了数据扩展性和适应性。关系型数据库已经成为管理数据的事实标准，使用大型主机进行分析在今天已经极为罕见。因此，现在绝大部分用于分析的数据都存储于关系型数据库内。关系型数据库无处不在，但也存在例外情况，如基于 MapReduce 技术的非结构化数据处理平台。我们将在随后"MapReduce"这一节进行详细阐述。

● 集中化的力量

集中化的企业级数据仓库已经成为一种趋势，而这种趋势给数据分析，特别是复杂的高级分析带来了巨大的影响。数据仓库把企业内的数据集中到一个地方，分析师们再也不用为了某一项分析把数据挪来挪去进行整合了，数据仓库里的数据已经被整合好了，分析师可以直接进行分析。这些技术开辟了一个新的分析世界，让分析具有了更大的可扩展性与更多的可能性。

最开始，数据库都是为了某一个特定目的或团队构建的，企业里通常存在许多不同的关系型数据库。这些单一目的的数据库通常被称为"数据集市（Data Mart）"。当许多企业还在忙着使用数据集市时，一些领先的公司看到了把不同数据集市的数据集中到一个大系统中的价值，这个大系统叫作企业级数据仓库（Enterprise Data Warehouse，EDW）。

企业级数据仓库的目标是把企业所有重要的数据都集中到一个中央数据库中，从而创建对于事实唯一版本的描述。数据仓库把不同数据进行交叉关联，让不同业务主题与数据领域的关联分析与报表成为可能。财务数据与市场数据完全割裂的时代一去不复返了。

让事情变得更有趣的是，一旦所有的数据都在一起了，分析时就再也不用从不同的数据源抽取数据了。越来越多的分析都可以直接使用数据仓库内部的数据完成。图 4-1 和图 4-2 清晰地说明了这两种不同的工作方式。

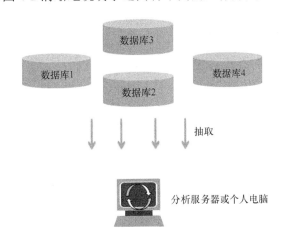

在传统的分析架构中，主要的数据处理工作都发生在分析环境中，

这个分析环境甚至可能是一台个人电脑！

图 4-1　传统的分析架构

在企业级数据仓库环境中，大部分数据源都已经被整合在一起了。如果企业级数据库存在部分数据缺失，那么将从数据仓库中抽取出来的 90%～95% 的数据与外部 5%～10% 的数据进行整合分析是完全没有意义的。正确的做法是把

外部 5%～10%的数据导入数据仓库内,然后在数据仓库内进行分析。换句话说,在数据所处的地方进行分析,而不是把数据拿到分析的地方去,这就是库内分析的理念。

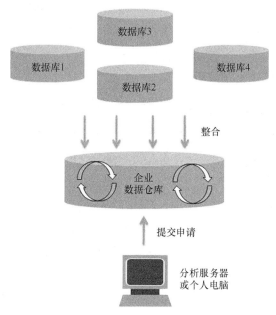

在库内分析的环境中,数据处理一直在数据库内完成,而这也是进行数据整合的地方。
用户的个人电脑只是提交分析指令,而不进行复杂运算。

图 4-2　现代的库内分析架构

● 优化你的架构

既然可以在数据所在的地方进行分析,为什么还要耗费大量的时间、人力和金钱把数据抽取到分析的地方呢?这就是库内分析的简洁原则,并将为扩展性带来实质性的飞跃。在大数据时代,不使用库内分析技术,将使驾驭大数据变得前所未有的困难。

在 20 世纪 90 年代,Teradata 公司是第一家推行库内分析的公司。到了今天,几乎所有的数据库厂商都接受了这个概念。企业级数据仓库,以及数据集市的扩展性和灵活性已经足以支持库内分析过程。库内分析对于大规模并行处理系统更加重要,我们将在随后进行讨论。关键的概念是,就像前面提到的,要在数据所在的地方进行分析，而不是把数据拿到分析的地方去。让数据库做它最适合做的事情，就是管理数据。

今天的大学生可能已经不太了解主机系统，也很难想象在磁带驱动器上进行分析。也许过不了多久，他们将会不理解为什么分析环境与数据环境曾经是彼此独立的，也将无法区分数据分析环境与存储环境。这两者将融为一体不分彼此，因为它本来就该是这样的。

4.3　海量并行处理系统

海量并行处理（Massively Parallel Processing，MPP）数据库系统已经出现几十年了。不同供应商的系统架构可能存在差异，但对于存储并分析海量数据来说，MPP 是最成熟、经过验证的、使用最广泛的处理机制。MPP 到底是什么？它有什么特别之处？

一个 MPP 数据库会把数据切分成不同的独立数据块，由独立存储与 CPU 资源进行管理。在概念上，这有点像把一些数据导入您家里多台电脑构成的网络中。MPP 打破了数据被仅拥有一个 CPU 单元和磁盘的中央服务器进行管理的限制。MPP 系统中的数据被切分导入一系列的服务器中，存储于不同 CPU 单元管理的不同磁盘里。图 4-3 说明了 MPP 的原理。

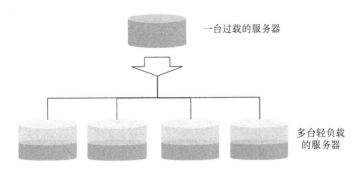

MPP 架构的数据库系统将数据分散在拥有独立磁盘和 CPU 的独立

数据块中，而非一台过载的服务器。

图 4-3　海量并行处理系统的数据存储

为什么 MPP 架构有如此巨大的威力？想象一下，您正在一条六车道的高速公路上开车，假如六车道变成一车道，即使只发生在某一小段距离内，这都会带来可怕的交通拥堵。如果从出发地到目的地始终都是六车道，那么交通会顺畅得多。虽然在某些时刻比如高峰期，拥堵仍然不可避免，但也不会持续很长时间，这让公路状况变好了很多。在非 MPP 架构的数据库中，即使不是全过程，在某些处理环节，也会出现六车道变成一车道的情况。在车流不多的情况下，一车道也没问题，一旦出现大的车流量就会出现问题。这就是 MPP 架构处理海量数据时无与伦比的优势，它开放了更多车道让车辆快速通过。

让我们来看一个数据库的例子。假如有一张 1T 的数据表，一个传统的数据库在同一时间只能查询一行。如果是一个拥有 10 个处理单元的 MPP 系统，它可以把这个 1T 的数据表切分成 10 份，每份 100GB 数据，并分配给不同的处理单元。这意味着在同一时间可以同时查询 10 份 100GB 的数据。如果需要更强大的分析能力和更快的分析速度，只要增加更多的处理单元，系统能力就会得到提高。

 分工合作！

一个海量并行处理架构（MPP）的数据库，会把数据分配给不同的 CPU 单元和不同的磁盘空间。逻辑上，这类似于拥有几十台甚至几百台个人电脑，每台电脑存储一部分数据。在执行查询时，用不同处理单元同时执行的许多小型查询替代了一个单一的大型查询，查询速度自然就快了很多。

在这个数据库的例子中，如果这个系统升级到了 20 个处理单元，那么就不是同时进行 10 次 100GB 的查询，而是同时进行 20 次 50GB 的查询，这相当于100%的性能提升。当查询要求不同数据单元的数据进行信息交互时，事情会更复杂一些，但是 MPP 系统在设计时就已经考虑到了这一点，因此可以非常快速地处理这种情况，如图 4-4 所示。

MPP 系统会制造一定程度的数据冗余，同一份数据可以同时存储在不同的地方，这样做的好处是，一旦出现系统故障，数据恢复会非常简单。MPP 系统里的资源管理工具会管理这些 CPU 和磁盘空间，查询优化器会对执行的查询任务进行优化，这都使得整个系统变得更容易管理，计算效率也更高。对这些内容更深度层次的讨论不在本书的范围内。

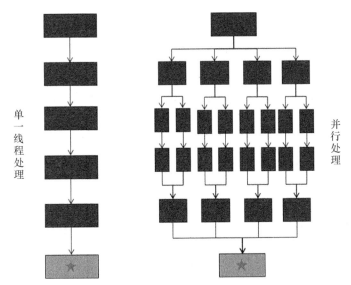

MPP 系统把一个复杂的任务分解成很多小任务，让不同 CPU 单元和不同磁盘

同时执行，而不是执行一个针对所有数据的单一任务。

图 4-4　传统查询与 MPP 查询的比较

4.3.1　使用 MPP 系统进行数据准备与评分

MPP 能够给复杂分析带来巨大提升的原因是，复杂分析的主要困难都发生在数据处理阶段。在数据处理阶段，人们要对数据进行大量的连接与汇总，生成新的衍生数据并对数据进行各种转换。在这个过程中，来自不同数据源的各种数据实现了整合。连接在前面的章节已经介绍过了，而汇总则意味着把多条记录转换成一条记录，从而获得更全面的信息。例如，抽取客户的多条交易记录，计算客户的总体销售量与单次平均销售量。生成衍生指标与数据转换则包含一系列的复杂操作过程，如计算客户每次交易的各类占比，或使用 log 或平方根等数学函数以获得新的分析指标。

这些数据处理任务的逻辑通常来说并不复杂，这正是关系型数据库，以及结构化查询语言（Structured Query Language，SQL）适合执行的任务。对大多数分析而言，今天的 SQL，即使不能支持所有也可以支持绝大部分的数据处理工作。SQL 的使用正是库内处理理念在 MPP 系统的具体表现。分析师再也不需要把数据从数据库中抽取出来并通过分析工具进行处理，相反地，他们可以简单地通过撰写并提交 SQL 脚本，就可以把这些复杂的数据处理工作交给数据库执行。

仅仅在 10 年前，SQL 还存在一些缺陷，难以支持高级分析需要的某些复杂计算。但现在，SQL 已经强大了许多。事实上，SQL 的一些限制条件已经不存在了，例如，SQL 在处理某一行数据时不能了解其他行数据。现在已经出现了一些叫"窗口聚集"（Windowed Aggregates）的 SQL 函数，它们可以在处理某一行数据的同时，对其他区域的数据进行查询。通过这些 SQL 函数，查询某一个交易是客户的第一次还是最后一次交易就很轻松了，这使得数据处理过程也发生了变化。某些高级分析工具为数据准备过程提供的处理过程，完全可以使用 SQL 的这些函数来实现。

在 SQL 拥有这个强大功能之前，为了进行必要的数据处理，人们不得不把数据从数据库中抽取出来。幸运的是，随着 SQL 的发展，已经不再需要这样做了。数据处理过程中的绝大部分操作都可以通过 SQL 在数据库内实现。最近也出现了一些新的整合处理方式，我们将会在后面进行讨论。

● 不要低估 SQL！

在过去的这些年，SQL 已经强大了很多，现在它可以胜任几乎所有的数据处理任务。分析专家可以使用 SQL 或者其他分析工具把数据处理过程提交给数据库执行，从而显著扩大了分析人员可以处理的数据规模，而这对于大数据格外重要。

作为库内处理理念的发展趋势，分析工具的很多厂商已经开始在分析软件中内置把分析流程提交给数据库执行的功能。在这些工具里，这些分析流程都已经开发好了，但是这些软件现在发现，如果可以连接到 MPP 数据库引擎，软件就可以把处理复杂任务的指令提交给数据库，让数据库来执行处理任务，而无须抽取大量数据。

分析工具将分析流程内置到数据库中的演进过程意味着，分析专家现在可以自由地选择他们感到顺手的、具有高度可扩展性的分析环境。与此同时，分析应用仍然在将更多的功能和特性集成到 MPP 数据库中，这将进一步增加库内分析的影响力。

库内处理也被广泛地用于各种评分模型。通常，我们会使用抽样数据来建立模型，但使用这个模型来进行评分，则需要针对全部数据。例如，通过部分抽样的客户数据建立了一个客户购买倾向的评分模型，到了应用这个模型时，则需要对所有客户进行评分，这样才能挑选出得分最高的客户来进行营销。把所有数据从数据库中抽取出来进行评分的传统做法，即使不是完全不可行，也是不实用的，因为抽取全部数据进行处理会耗费大量的时间。

让我们看一个更细节的例子。假如某一个零售商已经建立了一个倾向模型，来评估哪些客户更有可能参加某一次促销活动。这个模型通常是建立在抽样的客户数据上，可能只覆盖了几百名或者几千名客户。模型会使用对比的方法，分析历史上曾经参加过类似活动的客户与没有参加过类似活动的客户，进而建立一个评分的算法，计算出每个客户参加本次促销活动的概率。

在构建这个模型时，从数据库中抽取数据进行外部处理，这是可行的，因为这是一次性的行为，而且只涉及部分抽样客户。当使用这个模型时，评分算法要对零售商的所有客户进行打分，这样才能精确识别那些最有可能响应促销活动的客户，这可能会涉及成千上万的客户。此外，这个评分过程通常还需要定期执行。在这种情况下，由于涉及所有的客户数据，把数据从数据库中抽取出来可能导致系统崩溃，而库内分析则可以避免这种现象的出现。

今天在数据准备与评估模型过程中，把处理过程提交给数据库执行的方法至少有 4 种：（1）直接提交 SQL；（2）自定义函数（UDF）；（3）嵌入式过程；（4）预测建模标记语言（PMML），接下来我们将逐个进行阐述。

1. 直接提交 SQL

SQL 是 MPP 系统的母语，在各种要求与场景下都有很高的执行效率。在前面我们讨论过，SQL 特别适合进行各种典型的数据操作，如关联、转换、整合等。很多核心的数据处理任务都可以通过编写 SQL 脚本来直接实现，用户也可以使用各种分析软件，让软件自动生成 SQL 脚本并提交给数据库执行。常用的分析模型与算法，其评分逻辑都不是很复杂，可以很容易地转换成 SQL，如线性回归模型、逻辑回归模型、决策树模型等。分析工具可以帮助用户从这些分析模型中抽取出数据处理逻辑与过程，并将其转换为 SQL。或者，有些时候，模型完成后用户也可以选择自己编写 SQL。但不管是哪种情况，数据准备或评分过程都是全部通过 SQL 完成的。

2. 自定义函数（UDF）

自定义函数（User-Defined Function，UDF）是关系型数据库的一个相关的新特性。UDF 的处理能力大大超越了普通的 SQL。UDF 可以让用户自定义一些可以重复使用的数据处理逻辑，并像 SQL 自带函数一样自由地使用。

例如，要查询客户的销售总额，分析专家可能会写这样的 SQL：

"*Select Customer, Sum(sales) ...*"

如果要查询客户某一项属性的评分，使用 UDF 的 SQL 可能会是这样：

"*Select Customer, Attrition_Score... *"

在这个 SQL 语句里，"Attrition_Score"是一个已经被部署在关系型数据库内的自定义函数。这个函数可以在任何时候被使用，其内部包含比纯 SQL 更复杂的处理逻辑。

UDF 通常使用 C++或 Java 等编程语言进行开发。使用这些编程语言，使得编程语言的某些特性嵌入了 SQL 中，这让 SQL 获得了一些新的功能，而这些功能通过 SQL 往往是无法实现的。UDF 的一个缺陷是，不少分析专家并不了解如何使用这些编程语言开发 UDF，但幸运的是，很多分析工具都已经提供了自动生成这些函数的功能。这些分析工具可以帮助分析师生成合适的 UDF，并将它部署在数据库里，分析师可以直接使用这些自定义函数。

3．嵌入式过程

嵌入式过程（Embedded Process）是另一种把处理任务提交给数据库执行的方法。嵌入式过程的集成程度要比刚才提到的自定义函数高得多。自定义函数是编写一段程序，并将其部署在数据库内，让其他的 SQL 语句能够随意地调用它。对使用者来说，这个分析函数与其他分析工具提供的原始代码没有什么不同，都可以在数据库中并发地调用。区别在于，分析工具提供的原始代码通常不得不转换为数据库语言，以提高在数据库内的处理效率。

对于嵌入式过程，情况就完全不一样了。嵌入式过程是将分析工具的处理引擎直接运行在数据库中。嵌入式过程具备在数据库内直接运行程序的能力。嵌入式过程充分利用了那些已经被部署在数据库内的分析程序。当需要运行某一段分析程序时，为了利用数据库的并行处理能力，嵌入式过程会把分析程序运行在数据库的每一个处理单元上。嵌入式过程不需要转换脚本语言，只需要修改很少的内部代码，但部署嵌入式过程会比较困难。各个分析软件与数据库供应商们已经开始广泛地研究并应用嵌入式过程。在不久的将来，嵌入式过程将成为一种可选的处理方法。

4．预测建模标记语言（PMML）

预测建模标记语言（Predictive Modeling Markup Language，PMML），可以把模型结果从一个分析工具导入另外一个工具中。从概念上讲，PMML 包集成了预测模型进行准确预测所必需的各种信息，与模型无关的信息则不包含在内。一个 PMML 包的内部信息通常包括模型类型、变量名称、变量格式以及必要的参数值。分析师可以使用任何兼容 PMML 的分析工具开发分析模型，当模型开发完成后，如果要把这个模型部署到另外一个兼容 PMML 的工具内，那么分析师只需把 PMML 文件直接导入新的工具，新工具内的评分模型就可以使用了。

PMML 有一个不那么明显的缺点。要使用 PMML 在新的工具和环境下部署分析模型，前提条件是这个新环境内的变量名称和数据格式，必须和开发模型的原始环境中相应的名称和格式完全保持一致。例如，开发某一个模型时，某一个输入变量叫作"SumOfSales"，代表客户在某一段时间内的消费总额，格式是数值类型。那么，使用 PMML 在新的环境下部署这个模型时，就要确保在新的环境下也有"SumOfSales"这个变量，并且名称、含义、格式都完全相同。这意味着人们不得不在新系统里再次创建这个变量。

最初，很多分析专家认为，在开发模型时使用 PMML，意味着他们不需要去考虑库内处理的问题。他们认为，使用分析工具开发好了模型，利用 PMML 就可以轻松地把模型部署到关系型数据库内了。这种想法是错误的，PMML 要求不同环境下的数据变量完全一致，但事实上这不太可能出现。因此，在利用 PMML 部署模型前，如果分析师在数据库之外对数据进行了一些处理和转换，那么这些操作必须在数据库内完整地重复执行一遍。PMML 并不负责任何数据准备的工作，它只是把同样的算法直接应用于最终数据，而 PMML 假定这些数据都已经被处理过了。

● 不要错误地理解 PMML

PMML 的确强化了在数据库内进行数据准备的必要性与好处。如果分析工具在数据库外部进行了任何形式的数据处理，这些过程必须在数据库内重复执行一遍，以确保 PMML 能正常工作。为什么要在 2 个环境中重复地执行数据处理过程呢？还是直接在数据库里执行吧。

PMML 确实强化了库内处理的必要性。为了确保 PMML 高效地工作，建模所需的输入数据必须提前准备好。这些数据不能有任何变化，分析算法必须能够直接使用。只有这样，PMML 生成的模型评分代码才能立刻开始工作，否则就需要在部署环境下进行数据的重新组织与二次处理。

新版的 PMML 已经开始具备部分特定的数据处理能力，但要彻底弥补我们提到的这个缺陷，PMML 还有很长的路要走，这也限制了 PMML 的应用范围。

4.3.2　使用 MPP 系统进行数据准备与评分小结

海量并行处理平台（MPP）是当代数据分析架构中价值很高且越来越重要的一种方法。今天，大部分大型企业都已经建立了企业级的数据仓库，对企业内大量的重要数据进行集中管理，而小型企业则通常选择建立各种数据集市。越来越多的数据处理过程将在数据仓库内进行，这种趋势将会长期地持续下去。

任何希望提高自身分析能力的公司，都必须了解并使用 MPP。在数据规模持续增长的今天，为了进行某项分析，除非完全不可避免，我们都不应该把数据从仓库中抽取出来。使用 MPP 可以给企业带来分析可扩展性的额外提升，扩大可分析数据的广度与规模。不管是传统数据、大数据还是这两类数据的混合体，均可以使用这种处理方法。

在我们结束这一小节前，还要讨论最后一个主题。当企业级数据仓库已经成为分析环境的核心主题时，许多 MPP 系统供应商也开始提供比数据仓库性能略低的"一体机平台"系统。这些一体机平台系统是为某一些特定目的而设计的，例如，高级分析团队希望对海量数据进行复杂的处理。区别在于，企业级数据仓库能支持许多不同类型的数据管理工作，而这些一体机平台只能支持某一种或特定的几种数据管理工作。

高级分析也是分析系统承担的一项工作，而且是很重要的一项工作。当计划使用企业级数据仓库支持高级分析时，要确保数据仓库也能同时完成其承担的其他工作，如报表或查询等，通常所有这些工作都在数据仓库中同时进行。如果数据仓库实现不了，可以考虑部署独立的一体机平台系统。这些独立的一体机平台系统的价格是可以接受的，并且遵循与 MPP 架构一样的设计原则。

4.4　云计算

最近云计算的概念得到了越来越多的关注。就像很多的其他热门技术一样，云计算也曾被大肆地炒作。在详细论述前，我们必须先定义什么是云计算，它是如何帮助高级分析与大数据分析的。跟所有的新技术一样，云计算也存在不少互相冲突的定义，我们会讨论其中的两种定义，作为进一步论述的基础。第一种定义是麦肯锡公司在 2009 年的某一份报告中提出的。[1]这篇报告认为云环境有以下 3 个最重要的特征。

1. 企业无须进行基础设施建设，没有固定资本的支出，有的只是运营成本。这些运营成本是根据使用量付费的，并没有合同对这些运营成本的金额进行限制或要求。

2. 系统能力可以在很短的时间内显著地扩大或缩小。而传统的 IT 托管服务提供商存在系统扩展性的限制，无法做到这一点。这也是云计算与传统托管服务的区别。

3. 云计算的底层硬件可以在地理意义上的任何地方。这些硬件设施对于最终用户来说是抽象的、透明的。而且，这些硬件的租用模式是多样化的，某一硬件设备可以在同一时间被不同公司的不同用户使用。

只有同时满足这 3 个条件，才能将其称之为真正的云计算。对用户而言，底层硬件是未知的、变化的，可以根据需求弹性地调整系统能力，还可以按用户的使用量进行计费。

● 你要我跳多高？

云计算彻底地解决了资源的约束问题。用户在需要的时候可以获得任何想要的系统资源。当然，他们要为此付费，但他们只为自己的使用付费。系统管理人员对资源的争夺再也不存在了。当你要求云计算跳起来，它不会和你争论是否应该跳，而是直接问你，"你要我跳多高？"

---

[1]　麦肯锡管理咨询公司，*Clearing the Air on Cloud Computing*，2009 年 3 月。

另外一个定义来自于美国国家标准技术研究所（National Institute of Standards and Technology，NIST），这是美国政府商务部的一个分支机构。它列出了云环境的 5 个必要特性。

1. 按需的自助服务。

2. 高速网络接入。

3. 资源池。

4. 快速的系统弹性。

5. 可以衡量的服务。

同时满足这 5 个特性的才是云计算。很容易就能发现，麦肯锡的定义与 NIST 的定义有很多相似之处。你可以在 NIST 的网站获取更多云计算领域的相关信息。

任何事情都有好的一面和坏的一面，有强项与弱项，有优点与缺点，云计算也一样。一个组织要了解足够多的信息以做出正确的选择。毋庸置疑，未来在高级分析领域，云计算将得到越来越广泛的应用，开发类的工作更是如此。但随后我们也将看到，对于生产性的工作，云计算的应用方式还不是非常清晰。我们将讨论 2 种不同类型的云：（1）公有云；（2）私有云。

4.4.1 公有云

公有云已经获得了相当多的宣传与关注。对公有云的用户来说，他们将自己的数据上传至外部的某一云计算系统中，获得系统所分配的资源以进行数据处理工作，最后系统会根据用户的使用量向他们收取相应的费用。

这种模式很显然有许多优点。

■ 网络接入是必要的，用户只为他们的使用而付费。

■ 用户不再需要去构建一个能满足其最大资源需求的系统，然后承担大部分时间系统资源闲置的风险。

■ 如果有突发性的任务处理需求，在公有云环境下，用户可以很快地得到新的系统资源，用户只需要为这些新资源付费即可。

■ 系统部署通常来说很快。只要可以连接到公有云环境，用户上传了自己的数据，立刻就可以开始分析工作。

■ 根据公有云的定义，数据是保存在企业内部防火墙之外的系统中，这让不同区域之间的数据共享变得相当简单，任何人都可以被授予登录系统并使用这些数据的权限。

同时，公有云也存在一些缺陷。

■ 通常来说，公有云不会提供性能方面的承诺。根据公有云的定义，在同一时间可以有很多人对同一份数据或资源发起一系列的大型查询。当然，您也可以购买一台只供您自己使用的云服务器。

■ 这会带来性能方面巨大的不确定性。一旦提交了一项处理任务，系统能在多长时间内完成是不确定的。历史的经验可以作为判断依据，但并不能保证这一次会一样。

■ 对数据安全性的担忧一直存在。虽然很多人可能认为这种担心没有必要，因为这只具有理论上的可能性，但人们对数据安全性的认识本身就是一个大问题。

■ 如果被广泛地使用，公有云可以变得非常昂贵，因为它会对每一个用户的所有使用行为进行收费。效率不高的"坏"查询可能会耗费大量的系统资源，而现在这些"坏"查询在你自己的系统里也会出现，但不会带来任何直接的实际成本，而在公有云环境下，你却可能因此被收取一大笔费用。

■ 如果需要对数据进行持续跟踪，并对数据的保存地域有明确的要求，那么就无法使用公有云。在公有云环境下，你甚至无法确定数据是不是还全部保存在本国范围内。

通过上面的分析，你认为公有云适合哪些场景？哪些场景不适合使用公有云？

云计算的硬件资源是弹性的，这意味着在任何时间都可以很容易地增加新的硬件资源。这也意味着可以很容易地在某一台服务器上增加更多的 CPU、存储与内存，然后获得更多的计算能力。在任何时候，你也可以直接使用 10 台或更多的服务器，只要你为此付费。请注意，这种扩展性与 MPP 系统的扩展性是不同的。公有云的大部分服务器是各自独立运行的，MPP 则是一个单一的大系统。如果一个企业有许多中小型的处理过程和任务，云计算将可以发挥巨大的作用。然而，假如有一些超大型任务，且每个任务都超过了单个云计算服务器的处理极限，这时云计算就没什么用了。虽然 MPP 软件可以在云内运行，但云环境下的底层硬件设备是不确定的，可能随时发生变化，这对 MPP 软件的处理性能有非常不利的影响。

也许，对公有云来说，最适合的使用方式是纯粹的研发类工作。在这种情况下，系统性能的不确定性变得没那么重要。如果一个分析专家想对某些新的数据进行实验性地探索研究，希望发现这些数据的价值，公有云则是一个非常好的选择。分析专家可以把大部分的时间放在分析、探索等工作上，而不需要考虑性能的问题。只有在准备进行分析流程的部署时，系统性能才会变成一个关键问题。对于那些不是非常重要的分析流程，甚至某些流程的部署工作，公有云都是一个可行的长期选择。

当数据安全是一个大问题时，公有云也将麻烦重重。有必要为公有云应用好的安全协议和工具，并保证公有云环境的高度安全性。唯一不在你控制范围的是，云服务提供商企业中的员工。如果他们是某种程度上的小偷或者黑客，他们将会对使用公有云的企业造成损害。这样的事情发生的概率极低，但是安全漏洞造成的公众抗议将更加严重，尤其是造成安全漏洞的是云服务提供商企业的员工而不是使用该服务的企业的员工时。将敏感的数据放到云上需要制定一个强大的安全计划，否则，永远不要这么做！

● 你确定省钱了吗

如果分析专家只考虑自己一个人，那么使用公有云确实要比购买一套专用设备便宜得多。但涉及大型企业，情况可能会发生变化。一旦许多不同的人和部门都开始使用云，也许人们很快就会发现，他们为公有云的每次使用支付了更多的钱，远远超过了建立一个自己的专有系统。

关于公有云还有另外一个常常被忽视的有趣现象。如果只有小部分任务需要被执行，使用公有云确实要比购买一个专有系统便宜。但在某些时候，使用公有云也可以比拥有一个专有的内部系统昂贵。一旦企业有大量的用户开始使用公有云，且他们都按照每次的使用量进行计费，那么购买一个企业自用系统反而会便宜得多。比节约成本更重要的是，公司可以对这些内部系统进行全面的管理控制，进而提升这个系统的性能。

随着时间推移，也许某一天，公有云可以以某一个合适的价格为企业级的关键任务功能提供服务。但在今天，那些提供更高等级性能保证的云计算供应商，它们会为这些更高品质的服务向用户收取比基本云服务昂贵很多的费用。此外，不管是事实还是一相情愿，云计算确实有可能满足某些安全性的要求。但在这些变成现实之前，大部分企业使用公有云的范围，只可能集中在研发类的工作上。

4.4.2　私有云

私有云拥有与公有云完全相同的特征。唯一的区别是，私有云是某一企业拥有的，且通常部署在企业的防火墙内部。私有云提供与公有云完全一样的服务，但是服务对象仅限于企业的内部人员和团队。图 4-5 说明了公有云与私有云的区别。

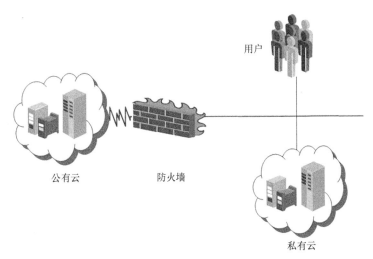

图 4-5　公有云与私有云的比较

部署在企业内部的私有云有一个巨大的优势，就是企业拥有对这个系统的全部控制能力，包括数据与系统的安全。数据是无法跳出企业防火墙的，所以企业完全没有必要去担心数据到底在什么地方。私有云的数据安全性与其他的企业内部系统是完全一样的。

私有云的一个缺陷是，当你为用户提供服务前，你必须购买并拥有一整套的云计算设备，这在短期内可能会给公司的成本支出带来不利的影响。与公有云相比，公司在第一年花费的钱可能一下子增长了很多，但是随后的那些年，假如公司的大部分任务都在云内进行，私有云的成本反而会比较低。长期来看，如果有大量的用户持续使用云环境提供的服务，私有云的成本会比公有云低得多。

● 长期成本与短期成本

长期来看，如果有大量用户，私有云的成本会比公有云低得多。然而，由于需要启动资金与建设成本，实施私有云在短期内可能会给企业带来更高的费用支出。随着时间推移，这种情况就会逆转过来。

在概念上，私有云与我们将在第 5 章中讨论的分析沙箱没有很大的差异。两者的主要区别在于，一个真正的私有云会为用户提供充分的自助服务功能，而分析沙箱则要求系统具有更强的管理能力。这两个概念的确有些相近，在某些使用方面甚至是相同的。对于支持高级分析，可以说两者或多或少是在做同一件事情。其中一个区别是，如果使用私有云，并完全遵循云的规则与定义，系统负载会持续动态地发生变化，这可能会给系统管理带来不小的麻烦，用户可能不得不互相争夺资源。而在分析沙箱的环境中，当需要资源时，系统可以为团队分配一些确定的系统资源。系统资源确定的对立面是，如果你想得到额外的新资源，分析沙箱的用户要付出比私有云用户更多的努力。

4.4.3　云计算小结

这些日子云计算获得了很多的关注，也被大肆地炒作，但云计算的架构体系确实有很多的亮点。和其他新事物一样，企业必须理解不同的云的使用方式，以及不同使用方式的优缺点。

在近期和中期，公有云将主要用于那些数据不太敏感的开发任务。私有云，以及私有云的孪生兄弟分析沙箱，都将得到越来越广泛的应用，并对各种类型的分析工作产生巨大的影响。

一个基础观点是，在企业内建立一个更加灵活、结构多变、控制更少的分析环境，以支持各种研究、创新与探索性工作，这是完全正确的，而云计算恰恰就能提供这样的环境。

4.5　网格计算

某些计算过程与算法无法全部转换成 SQL，或者难以嵌入数据库的某个自定义函数中。在这种情况下，必须要把数据从传统的分析环境中抽取出来，然后用传统的分析工具和软件进行分析。在很长的一段时间里，为了完成这个艰巨的任务，人们常使用一些大型服务器。问题是，随着分析师越来越多，以及分析任务越来越繁重，人们不得不对这些服务器进行扩容，或者增加更多的服务器，而这些都是相当昂贵的。即使这样，分析师还是经常把所有可用资源全部用完。

网格配置可以降低系统成本并提高性能。网格计算通常属于一种"高性能计算环境"。网格计算会使用大量的低成本计算机，而不是一台或几台高性能的服务器。网格计算不使用一台大型服务器来管理执行不同任务的 CPU 和资源，相反地，不同任务被独立地分配给不同的计算机，并让每一台计算机并发执行。每一台计算机也许都会承担原有服务器的某一部分任务，同一时间一台计算机通常只能执行一项任务。总体来看，网格计算可以承担相当多的工作。因此，网格计算这种系统机制在提升系统性能和容量的同时，可以显著地降低系统的总体成本。同时，网格计算还可以帮助企业平衡系统负载，管理任务的优先级，并为分析任务提供更高的可用性。

使用网格计算架构，分析专家可以在保持低价与高性能的同时，提升分析系统的可扩展性。当然，网格计算并不适合所有的场景。网格计算可能并不适合同时执行很多非常紧急的任务。因为每项任务都是由一台计算机独立完成的，如果同时有许多的超大型任务，网格计算环境下低成本计算机的表现将低于一台大型服务器。但是，假如一个大型企业内有很多的任务需要执行，而且大部分任务都是中小型的，那么使用网格计算环境将带来极大的提升。

网格计算还有一个刚出现不久的创新，即高性能的分析架构。在这个创新架构中，网格计算环境下的不同计算机都知道其他计算机的存在，并且不同计算机可以共享信息。这种协作方式，在同一时间充分使用了网格计算环境下的所有计算资源，使得某些大型任务可以更快地完成。这解决了我们之前提到的网格计算缺陷，即网格计算环境下每台独立的计算机只能承担一定复杂度的任务。这种新的网格计算技术被越来越多的人所接受，前景一片光明。在本书的写作过程中，还出现了一种更新颖的创新技术，它让网格环境直接连接到某一个数据库系统，使网格的系统性能得到进一步的提升。SAS 公司的高性能分析解决方案就是这样的一个实例。

建模的理念与方法一直都在发展和进步，我们将在第 6 章中讨论的简易建模方法也获得了越来越广泛的使用，网格计算可以成为一种处理额外建模工作负载的有效方法。

4.6 MapReduce

MapReduce 是一种并行的编程架构。它不是数据库，更不是数据库的竞争对手。有人宣称，MapReduce 将取代数据库以及天底下的任何事物。事实上，MapReduce 是对现有技术的补充。很多 MapReduce 能干的事情，关系型数据库也可以完成。归根到底人们需要确定哪个环境更适合解决手头上的问题。某个工具或技术可以执行某个任务，并不代表它是执行这个任务的最佳选择。我们不应该纠结于理论上 MapReduce 可以做什么，而应该专注于它最适合做什么，这样才可能将使用 MapReduce 的利益最大化。

MapReduce 里程序员们内置了两个主要的处理过程：映射过程"map"以及归纳过程"reduce"。这就是 MapReduce 名字的来源。MapReduce 会在一系列的工作结点上并发执行这些处理过程。这让我们联想起了 MPP 架构的数据库系统，数据被分配到不同节点以进行快速查询。类似于 MPP 系统，MapReduce 也会把数据分配到不同通用设备上运行处理。每一个 MapReduce 节点都会使用同样的代码对自己管理的那部分数据进行处理。区别在于，MapReduce 里的节点之间不会发生信息交互，甚至不知道彼此的存在。

假如系统有一个巨大且持续的网站日志数据流，这个数据流必须按块分割，然后分配到不同的节点上。当数据流持续不断地进入系统时，一个处理这些数据的简单方法就是建立一个循环运行的程序，或者某种形式的散列（hashing）。在这种情况下，数据在分配至不同节点前，要经过一些数学公式的加工处理，以确保相似的数据能分配到同一个节点上。例如，对顾客 ID 进行散列处理，就能把某一个顾客的所有记录全部分配到同一个节点上。如果计划使用顾客 ID 进行分析，这么处理就非常重要。

Mapreduce.org 网站把 MapReduce 定义为 Google 发明并推广的一种编程框架。这个框架最初用于简化超大数据集的处理任务。Hadoop 是 MapReduce 一种流行的开源版本，开发者是 Apache 团队。Hadoop 是最出名的 MapReduce 实施版本。在这一节里，我们会专注于 MapReduce 的通用概念，这些概念适用于你所使用的任何 MapReduce 实施版本。

今天的企业已经发现，对持续生成的海量数据进行快速分析以支持科学决策是非常重要的。MapReduce 是帮助企业管理半结构化或非结构化数据的一种工具，而这些数据使用传统的技术和工具是很难进行分析的。大多数企业在使用数据库管理关系型数据之外，也在使用各种方式处理其他类型的数据，包括文本以及机器自动生成的各种数据，如网络日志、传感器数据、图像等。为了获得有意义的启示，企业必须快速并高效地处理各种类型的数据。在 MapReduce 环境下，计算过程直接发生在存储数据的文件系统中，而无需首先把这些数据导入数据库。这是一项极为重要的特性，我们随后会进行详细阐述。

MapReduce 环境的一个突出特点是处理各种非结构化文本的能力。在关系型数据库中，所有数据都存储在数据表以及数据表里的行与列中。数据内部的关系已经被清晰地定义，而原始数据往往不是这样。这就是 MapReduce 可以发挥威力的地方。我们确实可以把大段的文本导入数据库内作为一个二进制对象字段，但这并不是处理这类数据的最佳方案。这种情况下应该考虑使用 MapReduce。

4.6.1 MapReduce 工作原理

假设在某个项目中我们有 20TB 的数据，以及 20 台 MapReduce 服务器。

首先，通过简单的文件复制过程将数据均匀分布到 20 台服务器中，每一台服务器拥有 1TB 的数据。注意，数据分布发生在 MapReduce 对数据进行处理之前。还需注意的是，数据是以某种用户选择的文件格式保存，而不是关系型数据库那样的标准格式。

然后，程序员提交了 2 个程序给调度程序。第一个是映射（Map）程序，另外一个是归纳（Reduce）程序。在这两阶段的处理过程中，映射程序寻找磁盘上的数据，并执行内部的处理逻辑，其在这 20 台服务器上彼此独立运行，所有处理结果将交给归纳程序进行汇总处理，以获得最终的结果。图 4-6 说明了这个处理流程。

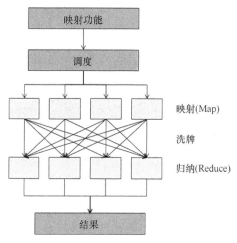

MapReduce 把一个任务分解成许多小任务，并相互独立运行。

图 4-6　MapReduce 处理过程

举个例子，企业网站的在线客服人员与客户交流的大量文本记录被不断地导入系统中。分析师可以创建一个映射程序来分析文本记录中的每一个词语。映射程序在文本中简单地搜索每一个词语，并将这些词语从段落中解析出来，然后标上与其相关的计数。映射程序的输出结果是词语与计数的组合，如"<我，1>，""<产品，1>，""<坏了，1>，"等。当每个工作节点都执行完映射程序，调度程序会得到通知。

再一次分工合作！

MapReduce 的核心理念是，让许多机器一起来共同承担海量数据带来的处理压力。当数据的处理逻辑可以在不同数据子集上独立进行时，使用 MapReduce 进行并行处理可以显著提升处理速度。

一旦映射程序完成了，归纳程序就开始启动了。在这个例子中，我们的目标是统计每个词语总共出现了多少次。随后发生的处理叫做"洗牌"。在"洗牌"

过程中，不同节点的映射程序输出结果被汇集起来，并进行二次分配，每个归纳节点得到它所负责词汇的所有数据。例如，我们有 26 个归纳节点[1]，那么以 A 开头的所有词语的数据将全部传输给第一台服务器，以 B 开头的所有词语的数据将传输给第二台服务器，以 C 开头的所有词语的数据将传输给第三台服务器，依次类推。

然后，每个归纳节点的归纳程序开始汇总计算每个单词出现的频率。在这个例子里，归纳程序的输出物可能是这样，"<我，10>，""<产品，25>，""<坏了，20>，"，这里的数字表明这个词语在文章中出现的总次数。程序会产生 26 份这种形式的输出物，每个归纳节点产生一份。请注意，此时还要运行另外一个程序来汇总这 26 份结果。为了获得最终的结果，通常要执行多次 MapReduce 处理过程。

一旦获得了词语的出现次数，分析师就可以开始工作了。一些特定产品的名称，以及一些像"坏了"、"愤怒"这类的词语，都将被识别出来并进行重点研究。要点是，原来的文本数据是大段的文字，这是一种完全非格式化的数据，在经过处理后，它转换成了一种简单的格式，以便人们进行分析。MapReduce 通常是这类数据处理过程的起点，它的输出则成为其他分析过程的输入。

可以同时让几千个映射与归纳程序运行在几千台机器上，这让 MapReduce 变得非常强大。如果你有海量的数据流，且数据的处理任务可以分解成小型任务，那么，MapReduce 可能就是你的"大救星"。如果某一个处理节点执行自身的任务时不需要了解其他节点的信息，那么就可以实现彻底的并行处理。在我们举的这个例子中，每个词语都可以独立地进行扫描，在上文的这个映射程序里，每个词语与它上下文的其他词语没有任何关联性。

刚才提到的这一点非常重要，这也是理解什么时候及如何使用 MapReduce 的关键。当数据被分配给不同机器后，每台机器就只知道自己的数据。如果处理过程需要不同节点进行数据交互，那就要使用 MapReduce 之外的其他架构。幸运的是，有很多场景不需要节点进行数据交互，可以支持 MapReduce 的处理方式。解析一个网页日志文件或一条 RFID 记录都不需要了解其他的任何信息。如果输出结果前，需要按照客户 ID 来汇总文本解析的结果，只需要确保这个客户的所有数据都分配给了同一台服务器即可。

---

[1]　译者注：英文有 26 个字母。

从概念上讲，MapReduce 解决了类似于关系型数据库并行处理的问题。再次强调，MapReduce 不是数据库，它不需要有预先定义的结构，每个处理过程都不了解之前或之后处理过程中发生的任何事情。确实，MapReduce 和数据库能做的事情有部分重合。数据库可以为 MapReduce 提供数据，而 MapReduce 也可以把处理结果输入数据库中。关键是要知道谁更适合做哪些任务。能做这件事情，并不代表是做这件事情的最优方案，也许其他工具或方法能做得更好。数据库和 MapReduce 都应该做它们最适合的事情。

4.6.2　MapReduce 优缺点

MapReduce 可以在普通硬件上运行。因此，建立和运行一个 MapReduce 系统的成本很低，扩容也非常便宜。你只需要购买更多的机器，把它们部署在环境中，系统的能力就自然地得到了扩充，而这些很容易实现。

前面我们已经讨论过，某些关系型数据库做起来很费劲的事情，MapReduce 能做得非常好，如文本解析、网络日志扫描，或者读取一个很大的原始数据。当一个巨大的数据集被导入系统，并且这个数据集中的大部分数据都不需要进行分析，那么 MapReduce 将是你的最佳选择。如果只有部分数据是非常重要的，但是我们还不清楚哪些数据会成为重要的数据，MapReduce 也可以发挥作用。扫描海量的数据，并从中抽取出部分重要数据，这是 MapReduce 最适合做的事情。

● 从水管中啜水

许多大型的数据流，如网络日志，都包含了大量没有长期价值的信息。MapReduce 让你可以从数据流中抽取你想要的数据，让其他没用的数据流走，这就像从水管中吸水，你只喝了一小部分，大部分水都流走了。

事实上，如果在数据处理的最后阶段大部分数据都要被丢弃，那么耗费大量的时间和存储空间，把全部的原始数据都加载到企业级数据仓库中是完全没有意义的。如果只在一个很短的时间内需要这些数据，那么，把这些数据加载到一些长期保留信息的地方，如数据仓库，就完全没必要。在这种情况下，最适合使用 MapReduce，在进入数据库之前，把数据中的多余部分剔除掉。

在许多场景下，MapReduce 的使用方式与 ETL 工具有一些相近。ETL 工具读取源数据的数据集，进行一系列的格式转换与重组处理，然后把结果输出到最终的数据源中。为了支持分析，ETL 工具要从生产系统中抽取数据，然后把它们输出到一个关系型数据库中，以便人们可以访问并使用这些数据。MapReduce 也会对某个巨大的数据源进行处理，它用一些具有业务意义的方式进行汇总，然后把结果输出到数据库或某个分析流程中。在前面这个例子中，初始的大段文本被转换成了可被分析词语的出现次数。处理的结果可以导入数据库中，然后与已有的信息进行整合分析，从而获得额外的信息。

MapReduce 并不是数据库，它没有内置的安全机制，没有索引，没有查询或处理过程的优化机制，没有其他已完成任务的历史信息，也不知道其他节点拥有的数据内容。MapReduce 提供了一种灵活处理各类数据的方式，同时，它也有责任去准确地定义或描述每一个处理过程中产生的数据。所有的一切都或多或少需要用户进行编程，包括数据结构。每一个任务都是一个孤立的实体，它并不了解其他可能正在执行的任务。

MapReduce 还不是非常成熟。知道如何恰当地使用和配置 MapReduce 的人并不多，也没有很多人懂得开发 MapReduce 所需要的代码程序。所以在今天，给定一些资源约束条件，打造 MapReduce 方向的强大优势并不容易。这种情况未来一定会发生改变，因为随着 MapReduce 的发展，越来越多的人会了解并掌握 MapReduce。这也是本书写作时的一大考虑因素。

4.6.3　MapReduce 小结

随着大数据成为企业需要应对的一大问题，MapReduce 也得到了越来越多的使用，影响力也在不断增长。当处理海量数据时，由于其中大部分的数据长期来看都没有价值，MapReduce 这种使用普通硬件进行并行处理的能力就变得很有吸引力。通过把大型任务分解成小型任务，MapReduce 可以比其他方式更快、更便宜的完成各类数据处理的任务。

MapReduce 不是数据库，它也不会取代数据库，但是 MapReduce 的确可以给企业的数据库增加巨大的价值。一旦 MapReduce 被部署完成，并开始从大数据流中抽取部分重要的数据，这些数据就可以被其他传统的数据库使用，并进行深入分析，也可以提供各种类型的查询和分析报表。在某些方面，MapReduce 有点类似于 ETL。

在本节的最后，让我们再来看一个简单的例子。网络日志是非常大的，包含了很多无用的信息。就像大海捞针，MapReduce 可以从大数据的海洋中找到有价值的针。想象一个 MapReduce 的处理流程，它对网络日志进行实时扫描，并识别出需要执行的动作。例如，MapReduce 可以发现哪些客户浏览了某个产品但是最终却没有购买，这些信息立刻被传递给电子邮件生成流程，企业就可以给这些客户发送后续的促销邮件。这所有的一切都发生在把原始数据导入关系型数据库并执行查询语句之前。

一旦这个实时扫描任务执行完了，最重要的信息就可以导入数据库了。这些信息可以和其他重要的客户历史记录关联起来，更多跨时间、跨部门的战略型分析就可以进行了。在这个例子里，被识别出来的客户名单会被导入数据库，并记录企业给他们发送过的促销邮件。企业随后可以进行跟踪分析，研究邮件营销的历史记录，就像每一次邮件营销活动中做的事情一样。

4.7 这不是一个单选题

在驾驭大数据的分析生态环境中，海量并行关系型数据库、云计算、MapReduce 都可以发挥重要的作用。可以将这 3 项技术整合起来使用，并从大数据中获得最大的价值。有许多方式可以把这些不同的技术整合起来。

- 数据库可以运行在云里。

- 数据库可以内置 MapReduce 功能。例如，Teradata 公司的 Aster 平台拥有一项 SQL MapReduce 相关的专利技术，能把 MapReduce 的处理过程转换为 SQL 查询的一部分。

- 还有一种同时使用数据库和 MapReduce 的方法，MapReduce 可以对数据库内的数据进行处理，也可以把自身的处理结果导入数据库。

- MapReduce 也可以直接处理云计算环境内的数据。

- 更进一步，MapReduce 可以对部署在云内的数据库的库内数据进行处理！

这 3 种技术可以相互影响并协同工作。每一项技术都能加强其他技术，只要被正确地使用。你完全可以同时使用这些技术，这并不是一个单选题。分析环境内可以同时包含这些不同的技术与方案，许多企业已经开始努力实现这 3 类技术的整合和协作了。此外，在刚才提到的各种分析场景下，还可以同时部署并配置网格计算方案。

4.8　本章小结

以下是本章的重点内容。

- ▣ 几十年以来，分析师一直在推动提高分析可扩展性，大数据是人们要驾驭的下一代"可怕"数据。

- ▣ 分析环境与数据管理环境正在互相融合。库内处理模式正在逐渐取代传统的离线分析处理模式，以支持各类高级分析。

- ▣ 海量并行处理（MPP）数据库，云计算架构，以及 MapReduce 都是驾驭大数据强有力的工具。

- ▣ 分析专家可以使用 MPP 数据库来完成数据准备和评分，具体方法包括直接提交 SQL、用户自定义函数（UDF）、嵌入式过程以及预测模型标记语言（PMML）。

- ▣ 云可以是公有云，也可以是私有云。不管是哪种云，都将使用户更容易地获得所需的系统资源，你只需要为自己的使用付费。对于研发类的活动与工作，云计算可以带来巨大的帮助。

- ▣ 公有云并不提供性能承诺，数据安全必须被严格监管，因为数据已经脱离了企业的直接控制。

- ▣ 一旦企业内公有云被广泛使用，使用公有云的成本将可能超过内部构建的自有系统。

- ▣ 私有云在一个安全的环境下提供了灵活性，这对于大型企业有重要的意义。

- ▣ 网格计算可以完成一些无法直接交给单一数据库处理的超大型任务。网格计算将被越来越广泛地使用，且功能变得更加强大。

- ▣ MapReduce 架构是一种可以使程序并发执行的技术，它将变得越来越重要。

■ MapReduce 可以帮助人们驾驭大数据，它可以对大数据进行预处理，从中抽取重要的部分信息以进行更深入的分析。

■ 关系型数据库、云计算、MapReduce 都能帮助人们驾驭大数据。这 3 项技术可以整合起来协同工作，这使得每一项技术都变得更加强大和高效。

第5章

分析流程的演进

第 4 章讨论过了分析扩展性的提升会给企业带来什么影响。如果企业不使用这些分析能力，那么答案是什么也不会发生。如果还是使用传统的分析流程，升级新技术能带来的分析可扩展性的提升，将不会创造太多的价值。就像买了一个拥有很多诱人功能的 3D 电视，但接收的还是原有的电视信号，与老式电视机相比，也许新的 3D 电视画面确实要清晰一些，但观看体验与老式电视机没有本质区别，您并没有获得 3D 电视应有的观看体验。

类似地，使用高级分析的企业在提升分析可扩展性的同时，执行与部署分析的流程也必须随之改变。过去常规的分析执行与部署流程不能充分地挖掘分析应有的价值。如果现有的分析流程不进行一些根本的改变，企业只能获得分析能力与生产力的部分提升，远远低于高级分析可扩展性具备的全部价值。如果使用传统的方法来执行分析流程，驾驭大数据将是不可能实现的任务。

一个首要的改变是，配置并管理分析专家所需的工作空间。传统的做法是在一个专门支持分析工作的独立服务器上部署工作空间。前面已经讨论过，库内分析已经成为新的标准。为了充分利用库内分析带来的可扩展性的优势，分析专家需要一个直接驻留在数据库系统内的工作空间，或者称为"分析沙箱"。在大数据领域，MapReduce 环境将是传统分析沙箱的补充。本章的第一部分将讨论什么是分析沙箱，它为什么很重要，以及如何使用分析沙箱。

在数据库平台中使用分析沙箱进行分析工作时，分析专家常需要重复执行一些任务。例如，不管做什么类型的客户分析，每一个分析专家都需要获得客户的各项核心指标。企业分析数据集是一个重要的工具，用来显著提高分析专家工作的数据一致性与工作效率，以及降低公司使用高级分析流程所带来风险。本章的5.2 小节将介绍基础的分析数据集，然后我们会讨论企业分析数据集（Enterprise Analytic Data Set，EADS），包括什么是 EADS，它有什么好处，以及某个分析专家开发了 EADS 后，如何让其他人和其他应用来使用它。

许多分析需要对某些基础数据定期执行重复的评分工作。例如，一个客户倾向模型需要定期重复评分过程，以获得下个月这些客户购买某一产品的概率。在过去，更新每一个客户的评分结果是一项耗时巨大并且不常执行的任务。如今必须及时更新这些客户倾向的评分结果，即使不是实时生成的，也必须按天进行更新。本章的 5.3 节将讨论如何在数据库环境中嵌入这些评分过程，以及如何更高效地管理和监控这些通过模型管理开发的分析模型和流程。

5.1 分析沙箱

在第 4 章，我们讨论了海量并行数据库系统的巨大威力。这种数据库系统的一种应用是加快高级分析流程的构建与部署。为了帮助分析专家高效地使用企业级数据仓库和数据集市，分析专家必须获得这些系统的正确权限，并进行访问。分析沙箱就是这样的一种管理机制，如果被恰当地使用，分析沙箱能给大数据领域带来巨大价值。

"沙箱"这个词来自一种孩子们常见的玩具。在沙箱里，孩子们可以创建他们想要的任何东西，他们可以根据自己的意愿把沙子堆砌成各种形状。类似地，分析环境的沙箱就是一个资源组。在这个资源组里，分析专家能根据自己的意愿对数据进行各种探索研究。沙箱还有另外一个名称，叫作敏捷分析云或数据实验室。具体是什么名称并不重要，重要的是你理解了背后的理念。

5.1.1 分析沙箱：定义与范围

分析沙箱提供了一个资源组，可以支持各种高级分析，以找到各类关键业务问题的答案。分析沙箱最适合进行数据探索、分析流程开发、概念验证以及原型开发。这些探索性的分析流程一旦发展为用户管理流程或者生产流程，就应该从分析沙箱里挪出去。

分析沙箱只被一小部分用户使用。分析沙箱中创建的数据与生产数据库彼此隔离。沙箱用户也可以把自己的数据导入到沙箱内，在短期内作为整个分析项目的一部分数据源，即使这些数据不在企业的数据模型范围内。

沙箱中的数据都有时间限制。沙箱的理念并不是建立一个永久数据集，而是根据每个项目的需求构建项目所需的数据集。一旦这个项目完成了，数据就被删除了。如果沙箱被恰当地使用，沙箱将是提升企业分析价值的主要驱动力。

5.1.2　分析沙箱的好处

分析沙箱有什么好处？我们将从分析专家与 IT 人员两种视角来进行阐述。

对于分析专家而言，沙箱的好处有以下几个。

- **独立**：分析专家可以在数据库系统中独立开展工作，不需要经常来回申请项目所需的各种权限。

- **灵活性**：分析专家可以自由地使用各种分析工具，包括商业智能、统计分析或可视化数据工具等。

- **效率**：分析专家可以直接使用企业数据仓库或数据集市来进行分析，不需要抽取或移动数据。

- **自由**：分析专家不需要负责系统管理与生产流程的监控，这些维护性工作都转移给了 IT 部门。

- **速度**：通过并行处理可以实现大范围的快速优化。这也带来了"快速迭代"与"快速试错"的能力，降低了创新的风险。

沙箱对每一个人都有好处！

分析沙箱对分析专家和 IT 人员有不同的好处，它不会伤害任何一方。双方人员在不理解沙箱时，常常害怕这个概念。建议开展内部培训后再启动沙箱建设，这可能会耗费一些时间，但绝对值得。

分析沙箱对 IT 人员有以下几个好处。

- **集中化**：IT 人员可以像管理其他数据库一样对分析沙箱进行集中管理。

■ **流水线作业**：沙箱显著地简化了推动在生产流程中使用分析流程的难度，因为开发与部署都发生在同一平台。

■ **简化**：应用从开发环境迁移到生产环境时，不需要进行任何形式的重新开发。

■ **控制**：IT 可以管理沙箱环境，平衡沙箱用户和其他用户的资源需求。如果沙箱环境的探索工作发生了错误，也不会影响生产环境。

■ **降低成本**：通过把许多分析型数据集市集中到一个中央集中系统内，可以显著地降低成本。

5.1.3　内部分析沙箱

从企业级数据仓库或数据集市中划分出一块区域形成的分析沙箱，就是内部分析沙箱。在这个例子里，沙箱物理上是部署在生产系统中的，但沙箱的数据并不是生产数据库的一部分。沙箱是系统中独立存在的数据库区域，如图 5-1 所示。

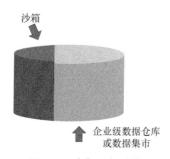

图 5-1　内部分析沙箱

使用大数据时需要注意，最好增加一个 MapReduce 环境到混合环境中。通常会同数据库平台一起安装，除非你现在使用的系统没有同时包括这两个环境。MapReduce 环境需要访问内部沙箱，数据可以在所需的两个环境中进行共享。我们已经在第 4 章中讨论过了 MapReduce。

内部沙箱的一个优势是，它可以利用现有的硬件资源和基础设施。这使得我们可以方便地搭建内部沙箱。从系统管理员的角度来看，在系统中搭建一个沙箱与创建一个数据库容器没什么两样。沙箱唯一的不同之处在于，它可以将某些权限授予某些用户，并规定了如何使用它。

内部分析沙箱最大的优势是，可以直接把生产环境的数据与沙箱的数据进行关联分析。既然生产环境数据与分析沙箱的数据都保存在生产系统中，那么把某一个数据源与另外一个数据源联合起来一起分析就很容易实现了，图 5-2 介绍了这一工作原理。

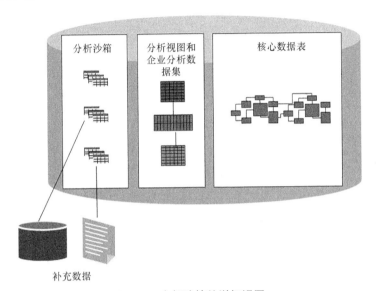

图 5-2　内部沙箱的详细视图

内部分析沙箱能显著节约成本，因为没有增加任何新的硬件设备。生产系统已经建立好了，只需要用一种新的方式来使用它。此外，除了在数据库与 MapReduce 环境之间，不存在其他类型的数据迁移，这也能降低成本。

内部分析沙箱也有缺点。第一，数据导入企业数据仓库或数据集市后，还要把数据导入沙箱中，这增加了工作量。其次，沙箱会占用系统的存储空间与 CPU 资源（可能是很大一部分资源）。还有一个缺点是，内部分析沙箱受到生产环境管理政策与流程的限制。例如，如果周一早晨生成报表的任务会占用全部系统资源，那么此时分析沙箱用户就没有足够的资源可以使用了。

5.1.4　外部分析沙箱

外部分析沙箱，是一个物理独立的分析环境，用于测试和开发各类分析流程。通常来说，构建一个纯外部的分析环境是很少见的。内部分析沙箱以及随后会谈到的混合式分析沙箱通常更为常见。外部分析沙箱通常是混合式沙箱环境的一个组成部分，因此理解外部沙箱是什么非常重要，如图 5-3 所示。

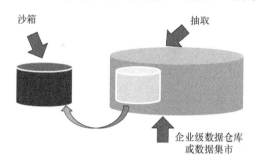

图 5-3　外部分析沙箱

外部分析沙箱的最大的优势是它的架构简单。沙箱是一个独立的环境，完全用于开发高级分析。它不会影响其他任何系统，这给沙箱的设计与使用带来了便利。例如，可以尝试不同类型的数据库设置，或者把沙箱数据库升级到新版本，以测试新版本特性。这与开发应用的传统测试开发环境有点类似。

一个常见问题是："这个外部的分析系统，是不是违背了把数据放在数据库中进行分析的原则"。如果你把沙箱当作一个分析开发环境，那么答案是没有违背。大多数企业都有一个测试环境和开发环境，用于支持应用与商业智能类的工作，并且独立于生产环境。外部分析沙箱也是同样的道理，只是它支持的是分析活动。

外部分析沙箱的另外一个优点是减少了系统负载管理。只有分析专家使用这个系统，自然就不用去考虑不同系统间的负载平衡。分析沙箱和生产环境的性能表现都是可预测的、稳定的。例如，沙箱用户不用担心周一早上系统资源不够用，他们可以获得稳定的沙箱访问能力。

● 外部分析沙箱并不违背原则

外部分析沙箱并没有违背库内分析的原则。可以把外部沙箱当作支持分析的一个测试开发环境。这些环境有不少合理且有力的存在理由，应用与报表的开发测试环境更是无处不在。

外部分析沙箱最好使用与生产系统一样的关系型数据库。如果这样，那么把沙箱的分析流程导入生产系统就只是一个简单的复制过程。如果沙箱中的数据格式与生产系统的源数据保持一致，也会简化迁移过程。

当处理大数据时，MapReduce 环境应该包含在外部分析沙箱环境中。在这种情况下，外部分析沙箱环境将包含一个关系型数据库和一个 MapReduce 组件。有些情况下可能是同一个系统承担这两项任务，也可能存在两个独立的物理平台。

外部分析沙箱的主要缺点是作为沙箱平台的独立系统带来的成本增加。为了降低成本，很多企业构建沙箱环境时会使用生产系统升级后替换下来的旧设备。使用这些原本要丢弃的旧设备来构建沙箱，能降低分析沙箱的硬件成本。

另外一个缺点是，外部分析沙箱需要进行数据迁移。在开发一个新分析内容时，必须提前把数据从生产环境导入到沙箱中。这个数据迁移过程通常要持续地进行维护与管理。这些数据也许并不是太复杂，但带来了需要进行管理和执行的额外任务。因此，沙箱的数据需求必须被严格管理，并专注于那些绝对必要的数据。

5.1.5　混合式分析沙箱

混合式分析沙箱是内部沙箱和外部沙箱的组合。它允许分析专家利用生产系统计算能力的灵活性，又保留了外部系统可以执行数据库难以完成某些高级探索任务的优点，如图 5-4 所示。

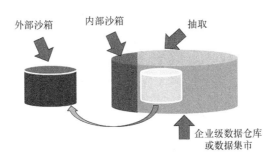

图 5-4　混合式分析沙箱

混合式分析沙箱最大的优点就是同时具有内部沙箱和外部沙箱两个环境的优点，还有处理某些复杂分析时无与伦比的灵活性。早期的测试与探索工作通常是在外部沙箱中完成的，这避免了对生产系统的影响。最终测试和预先部署工作则在生产环境下的内部沙箱完成。一个独立的 MapReduce 环境可以同时支持内部和外部沙箱。

另外一个优点是，在分析流程已经开发完成、生产系统进行全面部署前，可以构建一个临时性的"模拟生产系统"来进行测试。通过使用内部沙箱，这很容易实现。

混合式环境的缺点相当于内部沙箱和外部沙箱缺点的汇总，此外还增加了一些新的缺点。一个缺点是，需要同时管理维护内部沙箱与外部沙箱两个环境。在这种情况下，不仅要保持外部沙箱和生产系统的数据一致性，还需要保证外部沙箱和内部沙箱的数据一致性。

有必要建立一些原则来指导沙箱构建模式的选择。外部沙箱和内部沙箱都有一些适合承载的特定任务。分析专家不能武断地决定使用这种或那种沙箱，而是应该建立指导原则并严格执行。

不要把沙箱撑爆了！

只将分析必需的、最少量的数据导入外部分析沙箱。沙箱只会保存生产环境的一小部分数据。沙箱内的数据范围会根据特定分析需求变化，千万不要导入非必要的数据。

混合式分析沙箱的最后一个缺点是，可能需要建立两个不同的数据导入流程，这增加了系统的复杂性。外部沙箱和内部沙箱必须保证数据的一致性。当某个沙箱环境生成了新的数据，那么这些处理过程必须在另一个环境中重复执行一遍。

5.1.6 不要仅仅使用数据，而要丰富数据

沙箱环境最适合于对新数据进行探索分析，确定是否需要把这个数据源导入到企业系统和分析流程中并固化下来。这些新数据源可以是社交网络数据，家庭的人口统计信息，或者其他类型的大数据源。那么，分析专家应该如何探索研究这些数据并评估其价值呢？

想象一下，如果不经过研究，就直接建立一个数据处理任务，并正式地把新数据导入生产系统，这会带来什么后果？首先，你必须评估数据导入工作的范围

与要求。然后，建立一个新的项目来负责开发数据的提取、转换和加载（ETL）
流程。此外，还必须设计一个包含新数据的数据模型，并通过审批，以及在生产
系统中实现。所有的这一切都必须经过测试。3～6 个月后，这个处理流程上线
了，新数据终于导入了生产系统以供人们使用。这时，也许分析会显示这些新数
据并没有什么业务价值，你甚至根本就不需要这些数据。这种做法会带来多么大
的资源浪费啊！

● 先分析一下样本数据！

当人们并不确定是否喜欢某一口味的冰激凌时，他们会先试吃一口。如果喜
欢，他们就买下来；如果不喜欢，他们就再试试其他口味。对于新的数据源也是
一样的逻辑。要是你不知道它是否就是你需要的，就不要全部导入生产系统，先
在分析沙箱里试着研究一下吧！

沙箱可以避免刚才描绘的场景。可以一次性地抽取部分新数据并导入沙箱，
然后研究这些新数据。如果结果不太好，那就分析其他的新数据源；如果数据研
究结果很好，那就启动把数据导入生产系统这个漫长又昂贵的工作任务吧。使
用分析沙箱来探索并验证新数据源的价值，不仅比传统的方式快得多，成本也
低得多。

5.1.7　系统负载管理和容量规划

当分析专家开始使用沙箱时，有很多内置的数据库组件帮助这项工作更顺利
地进行。沙箱用户可以被分配到不同的用户组里，不同组可以拥有不同的系统权
限来开发使用新的高级分析。例如，你可以限制在同一时间某一个沙箱用户能使
用多少 CPU 资源。企业级系统拥有足够的灵活性来控制这一点。当某个用户提
出资源要求时，也许系统只会提供 10%的资源，到了半夜，如果没有其他活跃
用户了，那么这名用户就可以获得100%的系统资源。

控制并发查询量，或者限制客户创建某些类型的查询，这都是完全可行的。
例如，对某个用户来说，他只能同时提交 5 项查询任务。此外，系统还拥有一些
工具来发现并终止执行那些效率很低的大型查询，如两张大表的交叉关联等。

另一件很重要的事情是通过数据存储策略来限制用户使用的数据存储空间。

当分析沙箱中的某一个数据集已经几个月没有被查询过时,那么默认选项就是把这个数据集删除。沙箱不应该像传统环境那样不断地生成新的数据。

　　我曾经见过这种场景,企业总共拥有 5TB 数据,但分析环境里的数据达到了 30TB~50TB。原因是每一个分析专家都会建立自己的一份备份数据,包含企业 5TB 数据中的大部分信息。分析专家甚至在不同的项目里建立了不同的备份数据。这带来了数据的大量重复与冗余。这种情况不应该在分析沙箱中出现。在分析沙箱里,除非有为特定目的保留数据的要求,否则数据都会被删除。

　　对于内部分析沙箱,当进行了越来越多的分析,沙箱和生产环境之间的资源分配与系统负载会发生变化,这是可以接受的。如果沙箱环境部署在独立的平台上,那些导致系统资源溢出的分析任务就可以被发现并承担相应的责任。容量规划需要在开始的时候进行讨论,但是分析沙箱的容量规划与其他系统一样,并没有什么特别。分析沙箱会给系统带来新的任务,而系统管理员们知道如何来管理这些任务。

颠覆你的常识!

　　分析沙箱可以在不增加投资的情况下,从现有的投资中获得额外的收益。建设沙箱并不一定就要购买新设备。沙箱也不一定会给其他工作任务带来麻烦。它能从现有的 IT 投资中获得更多的价值,而且可以没有任何负面影响!一旦你理解了分析沙箱,明白了它的工作原理,你就会发现,许多人都信以为真的事情,而事实却刚好相反!

　　对于沙箱还有一个常见的误解。人们常常认为,分析沙箱将"摧毁"系统,把现有系统的资源全部耗光,给系统带来一系列的破坏。这完全是错误的!事实上,大型分析任务通常只是在项目初期执行 1 次或 2 次,这些任务也不会重复性地执行。你可以轻易把这些大型任务调度到半夜执行,而半夜的系统资源通常很充足。仅仅因为分析沙箱偶尔可能耗光系统资源而反对使用沙箱,并把沙箱推向绝境,这往往会带来相反的效果。沙箱中的分析完全可以只使用那些闲置的系统资源。这意味着不增加任何成本就能从现有 IT 投资中获得更大的回报!这是一件多么美好的事情啊!

最后的一个观点是，在包含沙箱的环境中增加分析内容，系统容量并不一定要随之扩大。如果一个系统今天的使用率是 95%或 99%，那么在这个系统上增加分析沙箱，确实需要进行升级扩容，但这并不是分析沙箱造成的。事实上，这个系统的负载已经如此繁重，添加任何新应用和功能都不得不进行扩容。如果使用已有的旧设备来构建外部沙箱，不仅没有新增任何成本，还可以从这些被丢弃的无价值设备中获得新的价值。

5.2　什么是分析数据集

分析数据集（Analytic Data Set，ADS）是为了支持某个分析或模型而汇集在一起的数据，且它的数据格式满足特定分析的要求。ADS 可以通过数据的转换、聚合、合并等过程生成。它通常会按照一个逆规范化或者扁平文件的结构来设计。这种结构下，每一行数据都描述了一个分析实体，如客户、地域或产品。分析数据集有益于缓解数据的高效存储和方便使用间的矛盾。

关系型数据库的大部分数据都使用"第三范式"的模式进行存储。这种模式避免了数据冗余，同时使得数据查询更复杂。第三范式的表结构非常适合保存或恢复数据，但是这些表通常很难直接用于高级分析。对第三范式的深入解读不在本书范围中。重点是，分析工具通常要求数据是简单的、非规格化的、扁平文件的格式。高级分析的复杂精细体现在分析中数据所用的算法和方法上，而不是数据结构本身。这些数据集可以有多种形式，我们随后会进行讨论。

5.2.1　两种分析数据集

目前主要有两种分析数据集，如图 5-5 所示。

开发分析数据集是支持分析任务的 ADS。它拥有解决问题可能需要的全部变量，所以它会非常宽。开发分析数据集可能会拥有几百个甚至上千个的变量和指标。不过开发分析数据集通常比较浅，数据行不多，因为大部分的分析都会使用抽样数据，而不是全量数据。这使得开发分析数据集很宽，但不会很深。

生产分析数据集刚好相反。它通常用于各种评分与模型部署。它只包含最终解决方案必需的特定数据。通常，大部分解决方案只会使用开发分析数据集中的部分变量。最大的区别在于，评分过程一定是针对所有实体进行的，而不会只针对样本数据。每一个客户、每一个地域、每一个产品都必须得到评分。所以生产数据集不宽，但一定会很深。

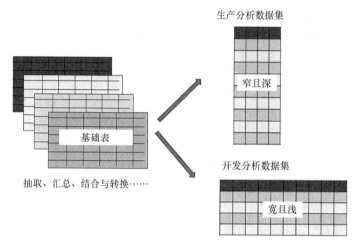

图 5-5　开发分析数据集与生产分析数据集

例如，在开发一个客户模型时，分析专家可能要研究 500 个不同的属性，分析的是从整体客户中抽取的 10 万个客户。因此，开发分析数据集很宽但比较浅。在生产过程中对客户应用评分模型时，可能只需要使用其中 12 个属性，但需要对全部 3 000 万个客户进行计算。所以，生产分析数据集很窄但比较深。

5.2.2　传统的分析数据集

在一个传统环境下，所有的分析数据都在数据库外部创建，如图 5-6 所示。每一个分析专家都会独立地创建自己的分析数据集。更糟糕的是，这些工作是由每一个分析专家独立完成的，这意味着可能会有几百个人同时在创建不同的企业数据视图。更糟糕的事情是，一个 ADS 通常只服务于一个项目，每个分析专家都拥有一份生产数据的独立副本。更严重的问题是，分析专家还会创建新的数据集，导致每个项目最终都会产生大量的数据。

之前我们提到过，某些企业分析环境内的数据是其企业数据规模的 10 倍或 20 倍。如果企业决定升级为一个更先进、更大可扩展性的分析流程时，肯定不希望保留这些服务于不同用户和模型的数据副本。这时需要一个变通的方法，我们随后会谈到这一点。

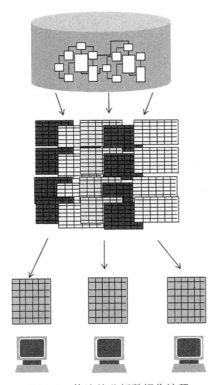

图 5-6　传统的分析数据集流程

　　传统的分析数据集有一个人们不太了解的严重问题，那就是数据的不一致。也许，某个分析专家把销售收入定义为销售毛收入减去折扣与返点。同一时间，另外一个项目中的分析专家可能把销售收入定义为销售毛收入减去折扣，没有减去返点。两位分析专家的定义有一些差别，但你很难说谁的定义是错的。如果他们俩都为同一个业务部门服务，问题就出现了，在他们提供给业务部门的分析报告中，数据是不一致的！

　　传统分析数据集带来的另外一个大问题是重复性工作。如果分析专家不断地创建相似又略有差别的数据集，这不仅会占用数据存储空间和系统资源，还会耗费分析专家的时间。他们不得不创建一个 ADS 开发流程，执行并监控这些任务，以确保任务顺利完成。这不仅耗费了大量的时间，也增加了所有项目的成本。

 数据不一致比数据冗余的危害更大！

传统分析数据集的工作方式确实会产生大量的数据冗余，但这还不是最严重的问题。人们很容易忽略的一个事实是，分析专家们经常开发略有差异的关键指标定义。这会带来数据的不一致。这个现象常被忽视，甚至没人知道。

还有一个地方会浪费资源与精力。当为某项目开发的 ADS 流程完成了，工作才刚刚开始。为了让 ADS 流程在生产环境中执行，分析专家需要对它进行反向工程，并备份到生产环境中。生产环境和开发环境总是有一些差别的，把开发环境下的程序迁移到生产环境下，常常意味着重新开发整个处理流程。例如，也许你需要把分析工具生成的代码转化成 SQL 或自定义函数（UDF），这通常成本很高，还极易出错。有些企业在部署分析方面耗费的时间和资金比前期开发阶段还要多。

5.3 企业分析数据集

我们将讨论如何通过企业分析数据集（EADS）来优化分析数据集的创建过程。EADS 是可共享的、可复用的、集中化的、标准化的、用于分析的数据集。

EADS 做的事情是把成百上千个变量汇总到某些数据表和视图内。这些数据表和视图可供分析专家、不同应用、不同用户来共同使用。EADS 的结构可以是一张大宽表，也可以是关联在一起的多张表。

EADS 有利于协作，因为每个分析专家都可以共享同样的、一致的数据。EADS 把许多维度的指标汇集起来让分析专家直接使用，这简化了数据的获取过程。分析专家们再也不需要从第三范式的原始数据表里创建这些指标了。EADS 显著减少了分析时间，开发完成后还可被多次使用，如图 5-7 所示。

EADS 最重要的一个优点是保证了不同分析工作的数据一致性，人们最初往往想不到这一点。企业使用一致的数据进行分析，这意味着不同分析主题所使用的指标都是按相同指标计算出来的，这让用户很放心。恰当地使用企业分析数据集，项目准备时间能从总项目时间的 60%～80% 降低到一个比较低的水平，甚至降低为原来时间的 20%～30%。企业分析数据集的关键特性包括以下几点。

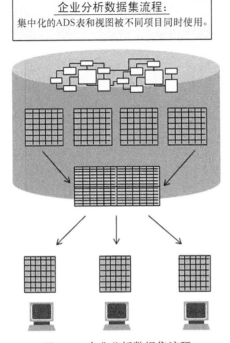

图 5-7 企业分析数据集流程

■ 一个标准数据视图可以支持不同的分析任务。

■ 一种能显著加快数据准备过程的方法。

■ 一种为分析流程提供了更高一致性、更精确、更具可视性的数据的方式。

■ 除了使用高级分析流程之外，一种帮助应用程序和分析专家开启新视图的方式。

■ 可以让分析专家专注于分析本身。

5.3.1 什么时候创建企业分析数据集

假如你要在某一个业务领域做大量的分析，且分析还会越来越多，那么你就应该创建企业分析数据集。你可以在你专注的分析领域为任何实体创建 EADS，包括客户、产品、区域、雇员以及供应商等。任何需要定期分析的实体都是 EADS 潜在的创建目标。EADS 会随着时间变化。如果接入一个新的大数据源，包含新信息的属性和指标就可以添加到 EADS 中。

创建企业分析数据集需要时间与成本。不要被这些吓到！要知道企业分析数据集可以帮助企业节省大量工作时间与设备成本，节约的成本将远远超过创建的成本。第 6 章中的简易建模理念就是一个实例，如果没有 EADS，就很难实现快速建模所需的敏捷分析。

创建一个有效的企业分析数据集，需要跨职能、跨领域的团队协作。业务团队要定义业务分析所需的各类指标，分析团队要开发处理程序来生成这些数据，IT 团队则需要维护企业分析数据集架构，并在生产环境下部署并执行数据处理任务。只有三方共同努力才能最大化 EADS 的价值。下一节我们会更深入地讨论这个协作过程。

5.3.2 企业分析数据集里有什么

企业分析数据集的设计并不复杂。首先，要收集并汇总各个分析专家常用的各种属性和指标。如果某一个业务指标有多种定义，最好把它们全部合并。例如，也许有些分析专家使用总销售收入减去折扣与返点，有些分析专家使用总销售收入减去折扣，不减去返点。把这两种销售收入指标都包含在 EADS 内，没有必要只选择其中一种。随着时间推移，如果发现了新的关键指标，那就将它加入EADS 内。企业分析数据集一直在不断地变化。最初 EADS 也许只有一两个指标，但随后越来越多的指标会被添加进来。

● 全部选中！

很多时候，当你作出选择时，你很难有机会说"我全要了"。企业分析数据集就给了你这种机会。把每一种指标都包含进来，这样可以覆盖所有的需求。添加一个新指标并不会耗费你太多的资源。不要争论哪个指标更准确更合适，全部选上吧，不管哪个指标最终赢了，你都有相应的数据。

企业分析数据集通常不会包含分析专家所需的全部数据，理解这一点非常重要。通常情况下，EADS 可以提供 90%左右的数据，每一个项目都需要一些自定义的、不经常使用的指标，这些指标通常没有包含在 EADS 中，这并不是问题。

例如，某一个分析专家研究节假日哪些产品卖得最好。这项分析只会研究少数特定产品。EADS 中的数据可能是这些畅销产品按类别汇总的销售指标。对单个产品进行分析并不是常见的需求，所以单个产品的指标就不应该加入 EADS 中。

企业分析数据集能满足分析专家 80%～90%的数据需求，分析专家可以把重点放在剩下 10%～20%的个性化数据上。分析专家也可以复用 EADS 的数据生成程序和处理逻辑。随着时间推移，分析专家也许又发现了一些新的数据指标，这些数据需要保持一致并要重复地生成。如果出现了这种情况，把这些新指标加入 EADS。这需要建立一个管理流程来处理这些新加入的指标。

5.3.3　逻辑结构与物理结构

之前我们讨论过，企业分析数据集逻辑上是每个实体拥有一行数据，包括了该实体的十几个、几百个甚至上千个属性和变量。如果你熟悉那些"老派"的扁平文件，你就会发现这两者有些相似。从物理结构上看，如图 5-8 所示，EADS 的存储格式也许并不像我们刚才描述的那样。

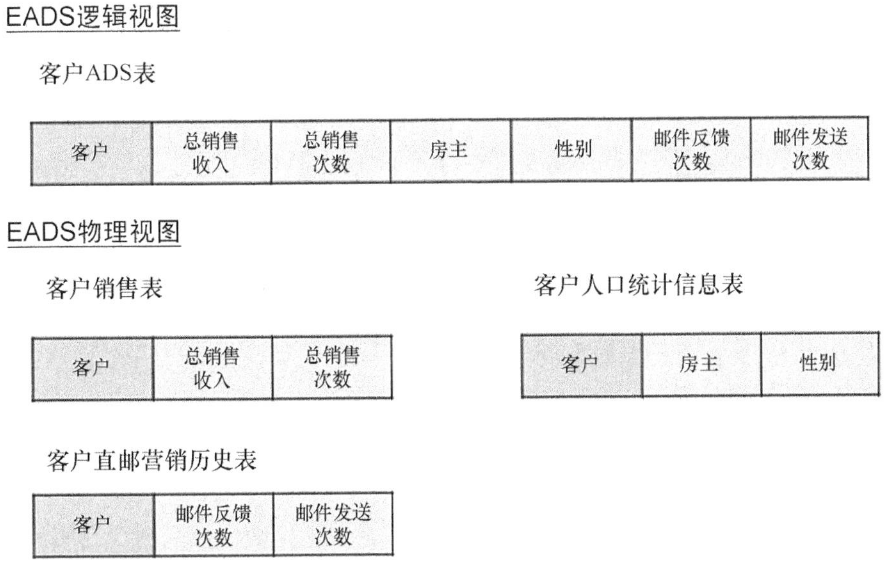

EADS逻辑视图

客户ADS表

客户	总销售收入	总销售次数	房主	性别	邮件反馈次数	邮件发送次数

EADS物理视图

客户销售表

客户	总销售收入	总销售次数

客户人口统计信息表

客户	房主	性别

客户直邮营销历史表

客户	邮件反馈次数	邮件发送次数

图 5-8　EADS 的逻辑视图与物理视图

从逻辑上来看，一个围绕客户实体的 EADS 包含了客户的销售信息、人口统计信息以及直邮营销的反馈信息。但在物理上，这些信息可能保存在不同表中，也许某张表保存了销售信息，另一张表保存了人口统计信息，还有一张表保存了直邮营销反馈信息。

用户不需要担心这种现象，只要有正确的属性和指标，管理数据库的人自然会找到最合适的方式来保存这些数据。然后，人们会建立一个视图来帮助用户从这些物理表中找到自己想要的数据。

5.3.4 更新企业分析数据集

把 EADS 保存在不同物理表中的主要原因是由于数据更新。不同类型的数据，如调研数据、销售数据、人口统计信息等，都有不同的数据更新周期。也许销售收入类数据需要每天更新，人口统计类数据每季度更新一次，调研数据则一旦获得了新数据就需要更新。当完成了新的市场调研活动，调研数据就需要导入进来，之后就不用更新了。

这就是把不同的数据存储在不同物理表的原因，可以对每类数据进行独立的数据更新。把数据存储在一张大型表格中，每次只更新大表里的部分数据，这种方式会耗费更多的系统资源。此外，通过这些独立的表或视图，分析专家也更容易获得所需要的特定数据。最后，不少数据库都限制了一张表内列的数量。对一个大型的企业分析数据集来说，仅仅为了符合列数的限制，就不得不把数据分布到不同表中。

请注意，不管 EADS 物理上是怎样存储的，通过视图就能把各个表里的数据汇集起来供人使用。可以建立一个包含销售收入与调研信息的视图，另外一个视图包含调研与人口统计信息，然后第三个视图包含全部信息。如果系统导入了新的数据源，例如社交网络数据或网络数据，基于这些新数据源开发的属性和指标也会加入到企业分析数据集中。添加新数据的方式可以是对视图进行更新，也可以是其他方式。

5.3.5 汇总表还是概要视图

分析数据集的一种实现方式是建立一个汇总表，汇总表按时间表定期更新。这些以汇总表为基础的企业分析数据集有以下好处。

首先，你实现了真正意义上的"计算一次，多次使用"。分析专家所造成的系统资源负载会少一些，因为这种方式避免了分析专家重复执行多表之间的关联聚合操作。关联和聚合这些大型的表只需要批处理一次，其结果就可以被所有人共同使用。

其次，许多高级分析会大量使用历史数据，某一部分数据稍微"过时"不会造成很大的影响，例如，企业也许每天夜里或仅每周一次对销售数据进行更新。对于大多数高级分析项目来说，这是可以接受的。许多指标都是累加值，某一次数据对指标不会有很大的影响。例如，使用一年数据来计算客户平均的单次购买量，这个指标不会因为今天的销售数据没计入计算过程就发生了巨大的改变。

最后，分析专家可以很快地获取他们想要的数据。EADS 表已经建立好了，分析专家直接使用就可以了，不需要运行复杂的查询语句，这些数据直接就可以进行分析。

以汇总表为基础的分析数据集也存在一些缺点。首先，分析数据集中的表格通常不会包含最新的数据。其次，EADS 会占用系统的磁盘空间，占用比例还有可能很高。最后，需要建立针对不同数据内容的数据更新计划和执行方案。

第二种实现方式是建立一系列的概要视图来实时生成 EADS。它有不少优点：首先，企业分析数据集里的数据永远是最新的。其次，如果实时或者准实时分析很重要，那么把最新的数据提供给分析专家就非常关键。最后，企业数据集的任何更新都能快速完成，当视图一旦更新完成，使用视图的所有用户就能立刻得到更新过的最新数据。

● 只做需要做的事情

你需要决定以什么样的频率来更新企业分析数据集。你也需要决定，是以物理表、逻辑视图还是同时使用两种方式来存储你的 EADS。根据事实来做决定，收集到的需求会告诉你哪条路更合适你。许多情况下表和视图都会同时存在。

视图类型的 EADS 同样也存在缺点。首先，系统负载会加重。这是因为，每个视图都会有很多分析专家来使用，而每一次使用都需要重新运行视图的处理逻辑，这会带来更多的系统负载。其次，这也确保了计算结果的一致性和透明度。最后，因为数据没有提前准备好，而是根据指令从最新细节数据中计算生成，因此分析专家将需要等待更长的时间。

在许多情况下，在 EADS 结构中同时使用表和视图是合理的。有些数据也许必须使用最新的数据，另外的一些数据对时限性要求没那么高。不同数据源适合不同的方式。使用汇总表还是概要视图需要基于分析需求、性能要求和存储空间的限制。

使用汇总表时需要对存储空间进行限制。不要使用存储比例或其他类似的指标，而是使用基于物理表的视图来进行计算。例如，EADS 里有总销售收入与交易次数，那么就没有必要储存平均每次交易的收入这个指标。建立一个视图，把总的销售收入除以交易次数，就获得了想要的指标，这只会消耗很少量的系统资源，但是却能节省大量存储空间。

5.3.6　分享财富

当企业级分析数据集部署好时，企业应该尽量多使用这些数据。EADS 不应该只被分析专家使用。商业智能和报表环境，以及这些环境的用户，没有任何理由不使用 EADS。如果 EADS 已经开发好了可用的属性与指标，为什么还在要报表环境里开发处理逻辑来重复计算呢？

类似地，所有能从 EADS 数据中获得好处的应用都应该考虑使用 EADS。一个常见例子是客户关系管理系统（CRM），其使用客户域的 EADS 来加快客户细分的分析流程。EADS 内的客户信息可以直接被 CRM 使用，CRM 用户可以直接使用 EADS 的客户属性来选择客户群体，而不需要在 CRM 工具中重新进行计算。另一个例子是，使用了客户 EADS 的呼叫中心可以为呼叫中心客服人员提供用户的各项指标。当客户打入电话时，呼叫中心客服人员的电脑屏幕上会显示客户的大量信息。这些信息，如最近的交易行为，可以帮助客服人员选择如何更好地处理呼叫。

重要的是，EADS 有大量有价值的信息，可以避免不必要的工作，显著地提高规范性与透明性，并确保数据一致性。EADS 还提供了更快的分析速度与更大的分析可扩展性。同样重要的还有，EADS 给其他用户和应用提供了获取客户信息的简易方式，这些用户和应用也许无法通过其他方式来获得类似的信息。

5.4　嵌入式评分

当建立分析沙箱并实施企业分析数据集后，企业可以更快、更高一致性地开发分析流程和模型。分析流程的扩展性也得到了提高。下一步是什么？这些新的分析流程带来的价值如何把企业带到一个更高的层次？一种方式是通过嵌入式评分过程实现分析结果的广泛应用。

嵌入式评分能在数据库内定期地执行评分过程，让用户更加高效、更加方便地使用模型。一个成功的嵌入式评分，不仅包含部署每一个独立的评分过程，还包括建立一个机制来管理和监控这些评分过程。请注意，"评分结果"可以来自于一个预测模型，也可以是分析模型其他类型的输出。

回顾一下之前谈到的内容，分析流程会最终产生新的信息。例如，客户购买某一种产品的概率，某个产品的最优价格，或者在促销活动中能带来销量提升的区域。把开发好的分析模型应用于最新数据，这就是评分。例如，在决定给哪些用户发电子邮件前，需要使用最新的数据对客户有多大的可能性参加这次活动进行评分。把评分过程嵌入在数据库环境中能带来一系列的好处，接下来我们逐个讨论这些好处。

首先，批处理形式的评分过程可以根据需求运行。当按计划完成了对一系列评分结果的更新后，用户想使用数据时，就可以直接使用这些数据。例如，邮件列表一旦创建完成，系统就会自动开始对列表内的客户进行评分。

其次，嵌入式评分可以用于实时评分。这对于某些场景特别重要，如网页推荐。如果某人登录了这个网页，系统必须立刻基于现有的信息，例如他在这个网页上做了什么等，对他进行评分，然后在他浏览下一个网页时，为他提供最合适的促销方案。类似地，当客户通过电话与呼叫中心的客服人员进行交流时，客服人员会将刚刚了解到的一些客户信息输入系统，系统利用这些信息立刻完成对客户的评分，这样，客户服人员才知道下一步要跟客户说什么。

再次，嵌入式评分为用户屏蔽了模型的复杂度。不管是用户还是应用，都可以轻易得到评分结果。系统会处理这些复杂运算，因此嵌入式评分使得技术背景不强的用户更容易理解评分结果。

最后，嵌入式评分把模型集中到了一个地方。模型列表和评分结果通过一个模型管理流程来进行集中管理，监控跟踪这些模型的创建过程就更方便了。分析专家不再需要在企业的不同地方保存并执行这些自己创建的模型了。相反地，为了扩大使用范围，这些模型将被集中地管理和部署。

5.4.1 嵌入式评分集成

当嵌入式评分过程部署完成了，生成的评分结果就可以被各个用户与应用使用了。例如，CRM 应用选择了一个客户分类，就可以获得客户倾向的评分结果。CRM 用户要做的事情是，简单地单击 CRM 工具获得客户评分。运营类应用也可以使用这些评分结果。例如，模型根据历史销售情况预测某些商品可能要断货脱销，一旦发现这种高风险现象，系统立刻给本地经理发出提醒。类似的例子是航空公司建立对天气状况的评分模型来预测航班的延误概率。预测结果会根据航班定期更新，并发送给监控和处理延误任务的应用。任何用户都可以通过即席查询（ad hoc）来直接获取评分结果。

分析结果必须用来创造价值

要从分析中获得价值，企业就必须使用分析成果。如果不能方便地使用分析成果，企业将无法从分析中获得应有的价值。嵌入式评分过程对于提高易用性极为重要，它使得更大范围的用户和应用可以使用这些评分结果。

在第 4 章中，我们讨论过多种并行数据库系统的应用方案。同样的理念也适用于嵌入式评分过程。

- ▧ SQL，作为最广泛使用的数据库语言，是第一种方案。这种方案特别适合决策树、线性回归、逻辑回归等模型。甚至使用 SQL 手动编写一个评分程序来执行这些模型也是非常简单的。

- ▧ 用户自定义函数（UDF）让事情更有趣了，它把定期评分过程嵌入到数据库中，作为数据库的自由函数执行。

- ▧ 预测建模标记语言（PMML）可以在一个系统内开发模型，然后把模型部署到另外一个系统。PMML 传输的信息可以确保接收模型的新系统自动地生成评分结果。

- ▧ 最后，嵌入式过程让分析工具直接在数据库内运行程序，不需要把分析工具的语言转换为其他语言。

读者可以回顾第 4 章来了解这 4 种方案的详细内容。在这里进行强调的目的是，所有这些应用方案同样适用于嵌入式评分过程。

5.4.2　模型与评分管理

要管理完成开发的模型与分析流程，企业需要管理 4 个主要组件，如图 5-9 所示，包括输入分析数据集、模型定义、模型验证与报表制作、模型评分输出。一些商业化的可用工具可以用于模型和评分的管理，也可以开发客户化的解决方案来满足企业的特定需求。我们来说明一下这 4 个组件。

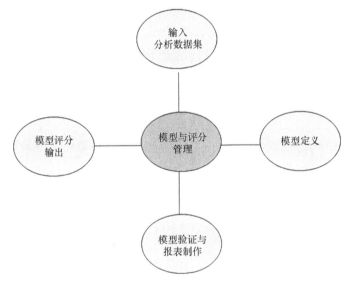

图 5-9　模型与评分管理组件

1．输入分析数据集

有必要监控那些用于分析流程的分析数据集和 EADS，监控的信息包括数据集的各类细节信息，以及创建与保存数据集的技术细节。模型与评分管理系统的这个组件会管理分析数据集本身的信息。请注意，这些数据集可以是企业分析数据集，也可以是个性化的数据集，或者两者的组合。监控的具体信息包括以下几项。

- 提供数据给用户的各类数据集的名称，包括 SQL 脚本、数据存储脚本、UDF、嵌入式过程、表格、视图等。

- 运行这些数据处理任务的参数。例如，某个分析也许只针对某一时间范围或有限的几类产品。

■ 数据处理过程中创建的输出表或者视图，以及这些输出包含的信息。

■ 分析数据集与分析流程之间的关系。一个分析数据集可以被多个分析流程使用，而一个分析流程可以使用多个分析数据集。

2．模型定义

有必要监控每一个模型和分析流程的描述信息。请注意，这里的模型可以是一个预测模型，也可以是一个分析流程，如客户按销售收入从高到低的排序，这些模型需要定期更新并被广泛使用。模型或分析流程在创建时需要到模型管理系统进行注册。监控的具体信息包括以下几项。

■ 模型的使用目的。模型解决的业务问题是什么？使用模型的业务场景是什么？

■ 模型的历史。什么时候创建的？谁创建的？模型经历了几个版本？

■ 模型的状态。它是处于开发阶段么？正在生产环境下使用，还是已经退出了？

■ 模型的类型。模型使用了什么算法？开发方案是什么？

■ 模型的评分功能。那些能给出评分结果的程序名称是什么？包括 SQL 脚本、存储过程、UDF、嵌入式过程。请注意，假设这里的评分功能可以获得所需的任何数据集。

■ 模型的输入变量信息。输入的分析数据集里，哪些变量被模型使用了？模型使用了一个还是多个分析数据集？

3．模型验证与报表制作

通常还需要建立一套模型验证与报表来帮助管理模型和分析流程。这些报表覆盖了很多主题和目标。监控的具体信息包括以下几项。

■ 评分过程的特定执行过程与开发原则的比较报表。

■ 特定的统计分析或验证报告，例如，每一次模型运行完后，都要研究提升率和收益图。

■ 模型的比较以及变量分布的总结。

报表可以在评分完成后自动生成，也可以在有需要时生成。这些报表通常是对模型评分效率进行持续监控的关键步骤。随着时间推移与业务环境的变化，所有模型的评分效率都会下降。这些报表可以帮助人们选择什么时候重新开发模型。

● 不要失去控制！

如果不对模型和分析流程进行监控管理，企业就有可能错误地使用模型，甚至完全忘记了某个模型的存在。模型与评分管理系统可以保证这种情况不会发生。有了这个系统，当某一个分析流程更新后，就能很容易地发现那些会受到影响的其他分析流程。

4. 模型评分输出

最后一个组件是模型与分析流程的输出，即评分结果。这些输出结果可以描述任何一类实体，如客户、区域或者产品。监控的信息包括以下几项。

- 评分是多少？保存在哪里？评分的实体，如客户或产品，其范围是什么？

- 获得这个评分的时间戳。

- 如果有必要，除了当前评分，还可以保存历史评分。某些企业会保留一段时间内的历史评分，有一些则不会。你需要决定你的企业使用哪一种方式更合理。

5.5　本章小结

以下是本章的重点内容。

- 部署了分析流程和模型并不意味着就能获得价值。更新分析流程来充分利用分析的可扩展性，这对于驾驭大数据是非常关键的。

- 分析专家比其他类型的用户更需要系统资源与权限。分析沙箱这种机制使得分析专家自由地探索数据，还能让 IT 人员保证系统资源的平衡。

- 沙箱最适合数据探索、分析开发以及原型创建这些活动，它不适合那些重复性或生产性的任务。

■ 有多种类型的沙箱环境，包括内部沙箱、外部沙箱以及混合式沙箱。每一种沙箱都可以与 MapReduce 环境组合在一起处理大数据。

■ 分析数据集是可以直接用于分析的数据集合，例如，客户、区域、产品、供应商等。

■ 不要把传统基于 ADS 的分析项目简单地迁移到库内分析架构中，而是应该把 ADS 升级为更加规范的企业分析数据集（EADS）架构。

■ EADS 是一个预定义好的汇总表和概要视图，它可以方便地访问成百上千个分析所需的通用指标。

■ EADS 提升了系统性能，减少了数据冗余，增加了透明度，并确保各项分析所用数据一致。

■ EADS 的使用对象和范围不应该局限于分析专家与分析应用，应该开放给其他的应用和用户使用。EADS 里包含重要的信息，应该被广泛地使用。

■ 嵌入式评分过程可以部署在沙箱环境或者 EADS 环境内，并提供了评分程序，这些程序可以很容易地被各种用户和应用访问。

■ 嵌入式评分的实现方式包括 SQL、UDF、嵌入式过程或者 PMML。

■ 如果企业开始广泛地使用模型，那么就应该建立模型和评分管理流程。

■ 模型与评分管理系统有 4 个主要组件：输入分析数据集、模型定义、模型验证与报表制作、模型评分输出。

第 6 章

分析工具与方法的演进

使用几十年前的设计图纸和手动工具，能建造好一个房子吗？当然可以，但在已经拥有现代化工具和最新图纸的今天，很少有人会愿意这么做。类似地，分析专家可以使用自定义代码和传统方法来完成各类分析。然而，如果要花时间了解可能的各种选项，很少有人会选择这么做。正如建造房屋一样，人们能够比十年前花更少的人力建造功能更多的房屋，分析工作亦是如此。

分析专家一直在使用各种类型的分析工具。这些工具可以帮助分析师准备分析所需的数据，执行分析算法，并评估分析结果。分析工具的深度与功能性也一直在提高。除了更丰富更友好的用户界面外，分析工具也可以自动化或流水线式地执行一些常见任务。因此，分析专家们可以花费更多的时间专注于分析本身。使用新的工具和方法，结合第 4 章与第 5 章讨论过的分析可扩展性与流程，企业就能轻松地驾驭大数据。

在本章，我们会阐述分析专家如何改变工作方法来构建分析流程，以更好地利用各种分析工具带来的性能与可扩展性的提升。我们会讨论组合模型，简易模型，以及文本分析。我们还会讨论分析工具演进的各种路径，以及这些新技术和工具如何改变分析专家的工作方式。我们还会讨论点击式的可视化用户界面，开源工具，以及数据可视化工具。

6.1 分析方法的演进

不少分析和建模方法已经被广泛使用了很多年，其中的一些，如线性回归模型或决策树模型，计算效率较高，实施起来也相对简单。在过去，简单是必需的，因为当时分析工具的可用性与可扩展性严格受限，直到今天，人们才拥有了更多可能。

在计算机出现之前，进行多次迭代建模，或尝试某些复杂的分析方法，都是很困难的。这些年，处理数据的技术有了长足的进步，类似的情况也发生在分析数据的工具和技术上。今天，人们已经可以使用多种算法来针对海量基础数据进行多次迭代建模。

因为分析可扩展性的提升，今天分析专家们可以同时执行更多的传统分析任务。也有许多分析专家开始尝试不同的新分析方法来充分利用这些新的分析工具、分析流程和可扩展性。许多新分析方法的理论很久以前就出现了，但直到现在才可以真正地被实施。分析方法在持续演进和改善，我们将讨论某些重要的分析方法，包括组合建模、简易建模以及文本分析。

6.1.1   组合建模

组合建模方法的核心概念非常简单直接，不是只使用一种方法来建立一个单独的模型，而是使用许多技术来建立许多模型，一旦获得了每一个模型的产出结果，所有的结果就可以组合起来形成最终答案。结果的组合流程非常灵活，可以直接使用每个模型预测结果的平均值，也可以使用更复杂的公式。重要的是，组合建模并不是从许多模型中挑选一个最优模型来使用，而是把许多模型的结果组合在一起来获得最终答案。

组合模型的威力在于，每个不同的建模方法都各有利弊。例如，某些类型的客户，可能在某一种模型中得分很低，但在另外一种模型中得分很高。通过集合各个模型的智慧，评分算法可以更加准确地评估每一个客户、产品或店铺选址。

例如，人们可以使用线性回归、逻辑回归、决策树以及神经网络来建立多个预测模型，对客户购买某指定产品的概率进行评估。每个模型的预测结果组合起来就形成了最终结果。通常，这种组合模型会比每个独立模型的预测效果要好很多。

在组合模型方面，有一本非常棒的技术书籍，是 John Elder 与 Giovanni Seni

的《数据挖掘中的组合建模》[1]。分析工具的演进使组合模型的使用变得更加普遍。如果没有一种好的方法来管理建模过程并对不同模型的结果进行整合，组合建模就无法轻易地被实现。想象一下，人工执行并测试每一个模型，当模型执行完后，还要人工汇总每一个模型的输出结果，并检查模型的效果，最后还要确认如何人工整合不同模型的结果。今天，分析工具已经可以帮助你执行这些单调乏味的任务。

群体智慧

　　每一个独立模型都同时具有优点和缺点。通过组合各种模型的输出结果，最后的混合结果通常要好于任何一个独立模型。这类似于很多人同时进行预测，然后把每个人的预测结果进行平均，最终结果通常与正确结果最为接近。这种现象通常叫作群体智慧。

　　组合模型可以提升评估效果的原因很容易理解。在适当的条件下，群体智慧在日常生活中的表现一直在被广泛地讨论（见 James Surowiecki 的《群体智慧》[2]）。爱荷华州大学的爱荷华电子交易市场很多年前就证明了，把许多人的理性预测结果进行平均，可以获得与正确答案非常非常接近的预测结果。事实上，这个平均的预测结果比任何一个人的预测结果都更接近正确答案。

　　组合建模只是把《群体智慧》这本书的理念应用到了分析领域，对许多模型的理性预测结果进行平均汇总，最终得到了与正确答案非常非常接近的结果。组合建模能解决企业所有的分析问题吗？当然不可以，但是企业应该把组合模型加入到自己的分析方法库中。

6.1.2　简易模型

　　还有一种被越来越广泛使用的分析方法，叫作简易模型。我们把简易模型定义为一种降低部分预测效果从而加快模型构建过程的分析方法。简易模型可以通过简单的、分步的分析流程实现，例如自动化建模。简易模型的目标并不是获得

[1] Giovanni Seni and John Elder, *Ensemble methods in Data Mining: Improving Accuracy through Combining Predictions*, Morgan and Clay-pool Publishers, 2010.

[2] James Surowiecki, *The Wisdom of Crowds*, Anchor Books, 2005.

一个最佳模型，而是快速获得一个模型，得到比没有模型时更好的结果。

恰当地使用简易模型能带来巨大的帮助，它扩大了分析在企业中的影响。在过去，建立一个模型通常要耗费很多时间，建模成本很高。分析师可能需要几周甚至几个月的时间来获得数据，利用数据建模则需要更多的时间。这限制了模型的应用，人们只能针对具有较高价值的问题进行建模。如果你拥有 3 000 万个或者 4 000 万个邮件地址，那么为建模进行投资来挑选潜在用户是必要的，但如果你只有 30 万个邮件地址，并计划推广一个并不昂贵的产品，那么就没有必要投入成本建立模型了。

如果分析专家拥有一个现代化的分析环境，包括分析沙箱，以及先进的分析流程，如企业分析数据集，那么建立模型的时间将减少很多。我们在第 4 章与第 5 章中已经讨论过了这些技术。可用的标准化变量越多，系统的数据分析能力越强大，那么建立模型就越容易。

请时刻谨记，建立模型变得更加容易，并不会降低对努力工作与模型正确性的要求，只是如果有一个优秀的分析专家来执行分析流程，他会让工作更快地完成。

● 有些时候"足够好"就够了！

简易建模的目标是比没有任何模型时预测更准确。这个底线比过去大多数模型的要求都要低。当发现了一个足够好的结果时，简易建模过程就会停止。这种分析方法特别适合那些低价值的业务问题和场景，这种情况下并没有必要让每个模型都达到其最佳效果。

在评估一个简易模型时，主要的评估角度是，使用这个模型能否带来收益。如果投入更多的资源和精力，这个模型也许还有很大的提升空间，但如果目前没有任何模型，而一个简易模型就可以带来帮助，那么还是使用简易模型吧。

我们可以研究一种类似的场景。如果你拥有房屋，不少房间的装饰都需要进行改进。装修开放空间的房间，如厨房，通常会进行最顶级的装修。某些房间你也许只想进行简易的装修。也许装修客房浴室时，你会使用简单的材料和装饰，因为客房浴室并不值得进行大量投资。简易模型也是一样的道理，并得到了广泛使用。

简易模型的应用

简易模型使得高级分析可以推广到更多的业务问题和领域,简易模型的支撑范围要比分析专家人工建模这种传统方式大得多。

例如,零售企业可以针对某些重要的产品类别建立"购买倾向"模型。对于那些周转率较低、促销也较少的类别,没有必要建立个性化的评估模型。一个百货连锁企业,对于浴室清洁用品和碳酸饮料这类大销量的产品建立销量预测模型是有意义的,但对于某些周转率较低的产品,如鞋油、沙丁鱼等,建立销量预测模型就毫无意义了。

但如果需要对这些不那么重要的产品类别进行促销时,这时要如何做呢?也许沙丁鱼厂商愿意赞助一次针对其沙丁鱼产品的促销活动。有些零售企业会针对其拥有的几百个不同产品类别都建立预测模型,其中大部分模型使用的都是简易模型。这些模型就是服务于这些不常见的场景与需求,并能够给企业带来一定的价值。重要的类别,如碳酸饮料或者浴室清洁产品,应该被区别对待,并为之建立高度个性化的模型,而对于某些销量小的产品类别,简易模型是这些产品拥有某种形式预测模型的一种可选方案。

今天的高级分析工具对于这类建模任务的支撑更加完善了。分析工具可以自动化地尝试多种算法,测试不同指标的各种组合方式,进行多种形式的自动化验证。这些工具帮助分析专家迅速生成合理优质的模型。对于低价值的业务问题,建模方法会有所变化。在某些业务场景下,使用一个足够好的模型是可以接受的,并不一定非要找到一个最好的模型,人们应该接受这一点。

让我们看一下简易模型在预测领域的另一种应用。假设一家制造企业,它投入了大量的资源来努力预测市场的总体需求,精确到每个季度、每个产品以及每个国家或区域。但是,假设它想预测每个零售店或分销点每一周每一种产品的销量,没有公司拥有足够的资源与人力来建立这么多高度个性化的预测模型。在这类低层次小粒度的问题上,一个可以自动化执行的、足够好的预测模型就够用了。如果更高层次的预测是准确的,低层次的预测结果汇总起来与高层次的预测结果吻合,对于这家企业来说就足够了,这种情况已经比没有模型时好很多了。

最重要的考虑因素是,确保你建立了一个工作流程来生成足够好的模型,而不是生成垃圾模型。必须定期重复检查简易模型的生成过程,确保其在可控范围内，人们也需要定期对模型结果进行验证。不对简易模型流程进行干预控制，让其随意执行，这将是非常糟糕的。

6.1.3 文本分析

文本及其他非结构化数据源分析是使用得越来越广泛的一种分析方法。许多大数据都属于文本及非结构化数据源的范畴。从直观上理解，文本分析就是可以使用多种类型的文本作为分析的输入源。文本的类型可以是类似电子邮件的书面材料或类似医学笔录的转录材料，甚至可以是扫描的文本文件或可转换成电子表格的法院记录。随着新型的文本数据源日益丰富，文本分析的技术也有了突飞猛进的发展。

近年来，各种文本信息，从电子邮件到社交媒体评论，如 Facebook 和 Twitter 类型的社交网站，到网页在线咨询和文本消息，甚至是呼叫中心的对话记录，这些信息都被收集并记录了下来。但是，要理解这些信息并不容易。我们需要解决信息的解析问题，识别上下文的内容，并且定义有意义的分析模式。文本和非结构化数据越来越多，并将逐渐成为不可忽视的一种新数据类型。

文本是大数据的一种常见类型，并且文本分析工具和方法已经取得了长足的发展。现在已经出现了一些工具可以帮助我们将文本解析为组成文本的单词或短语，然后分析这些单词和短语的含义。流行的商业文本分析工具提供商包括 Attensity、Clarabridge、SAS 和 SPSS 等公司。

一旦文本被解析为组成文本的单词或短语后，分析这些单词和短语所表达的意思和情感，以及寻找其中趋势与规律的方法就很多了。解析后的文本和文本统计结果也常常被用来建立各种文本分析模型。例如，判断某一特定用户的电子邮件中有多少积极的或消极的语气，判断某一位顾客在交谈过程中对某一特定产品的关注度等。这是对原始的非结构化数据进行解析和结构化处理的过程，这个过程通常被称为信息抽取。

非结构化数据本身通常是无法被分析的。然而，非结构化的数据可以通过某些特定的方法被结构化，这些结构化处理后的数据是可以进行分析的。想象一下电视剧中的侦探追查罪犯的过程，通常都有发现指纹的场景，接着，在指纹上放置大量小圆点，然后将圆点连接起来。最后，找到了一个匹配的指纹，并最终确定罪犯。在这种情况下，这个非结构化的指纹并不是真正的完全匹配，而只是匹

配了结构化的外观，这个外观是从非结构化的指纹样式中得来的。对非结构化的
海量数据进行分析时，这种处理场景会反复出现。

 ## 分析非结构化数据

通常，非结构化数据本身是无法被分析的。然而，非结构化的数据可以通过
某些特定方式进行结构化处理，并得到可以直接进行分析的结构化结果。几乎没
有哪种分析过程能够直接对非结构化数据进行分析，也无法直接从非结构化的数
据中得出结论。

将上下文应用于文本并非易事，有一些可用的处理方法，但更多的是一种艺
术。事实上，同一个单词可以表示不同的意思。例如，如果我说你非常差劲，那
么我冒犯了你。但如果我说我刚去的滑雪场条件非常差劲，我实际上表达的是这
个滑雪场是多么糟糕。让事情更复杂的是，单词只是文本含义的一个因素，你还
需要考虑单词的阐述方法，语气和声调的变化可以完全改变一段话的含义。

表 6-1 是一个被广泛使用的好例子。根据句中着重强调的单词不同，句子大
体意思也随之改变。当你看到并听到一个人说话时，你很容易就可以了解到说话
人的意思。但是，当你仅仅有文本内容时，你就无法获得这些内容的真正含义。
根据上下文或许可以帮助你理解说话人的意图，但是这种分析极为复杂。如表
6.1 中语句的细微差别所示，更让我们见识了文本分析有时是一项多么具有挑战
性的工作。

表 6-1　重音是如何改变句子意思的

改变重音的位置……	……意思的改变
我没有说比尔的书糟透了。	我没有说，但是我兄弟鲍勃说了！
我**没有**说比尔的书糟透了。	我没有说，你怎么能这样指控我？
我没有**说**比尔的书糟透了。	我没有说，但是我承认我在电子邮件中写了。
我没有说**比尔的**书糟透了。	其他人的书糟透了。
我没有说比尔的**书**糟透了。	我说的不是书，是他的博客糟透了！
我没有说比尔的书**糟透了**。	我仅仅是想表达我不喜欢比尔的书。

文本分析方法是大部分企业必须接受的新鲜事物。文本分析已经开始从一项

边缘性的分析技术成长为一项非常重要的分析技术,并且给许多行业和业务问题带来了巨大的影响。处理非结构化大数据源的方法有很多,这些方法也在不断地发展和进步,文本分析仅是其中的一种。

6.1.4 跟上分析方法的发展脚步

针对新商业问题的新方法层出不穷,要努力使企业的分析技能紧跟潮流,而不是停滞不前。在应用一种新的分析方法之前,分析人员需要充分了解这种新方法。让我们来看两个分析方法从很少被使用逐渐发展到被广泛使用的例子。这些例子很好地阐述了分析方法从很少被使用到大规模应用的快速发展过程。

协同过滤与关联分析的目的相似。和关联分析一样,协同过滤常常被用于分辨某位特定顾客可能感兴趣的东西,这些结论来自于对其他相似顾客对哪些产品感兴趣的分析。协同过滤以其出色的速度和健壮性,在全球互联网领域炙手可热。实际上,协同过滤的实现方式是一种典型的简易模型。其基本方法很容易实现,并且可以快速生成高质量的推荐效果。随着互联网的发展,协同过滤被广泛地使用,并变得不可或缺。仅仅在 10 年到 15 年之前,它还并未被广泛地使用或熟知。

网页排名是 Google 所有服务的基础。当用户进行查询时,Google 正是用网页排名来决定哪些链接与用户的需求关联性最大,并将这些链接提供给用户。所有的主流搜索引擎在网页排名的实现方式上都有其各自的特点。实际上,大部分的个人网站都有相应的方法将这些搜索功能嵌入网站内部以帮助用户进行站内搜索。这些技术近几年才被开发出来,但直到互联网时代,才变得意义重大。

大部分普通用户也许直到现在也没听说过协同过滤或网页排名。几十年前,大多数人不会在他们的日常生活之外被曝光,而在过去的这几年,个人信息已经变得无处不在。不管人们有没有意识到,无数上网用户每天都在接触或使用这些数据分析的成果。大部分人也许都没听过这些技术,但他们都在无意中使用了这些技术,在未来的几年内,一些鲜为人知的技术会逐渐流行起来。每个企业都需要确保有人在探索跟踪下一代的新型技术,并将其利用起来。这些跟踪工作可以通过参加分析大会,阅读分析文献、文章及博客,甚至可以与其他公司的分析专家进行交流等方式来实现。

6.2　分析工具的演进

在 20 世纪 80 年代的时候，我刚开始从事分析工作，用户体验的友好性并不是描述或评价一个工具或系统的关键指标，所有分析工作都是在大型机中完成的。当时不仅需要直接通过程序代码来实现分析工作，而且需要使用非常晦涩的作业控制语言（Job Control Language，JCL）。任何使用过作业控制语言的人都会理解这种痛苦。

随着服务器和 PC 的普及，人们首先将旧的代码界面移植到了新的平台上。在当时的情况下，图形和输出是非常初级的。最初，柱状图是通过输入简单的字符来表示的，网格是通过破折号来表示的，输出物大多是以文本形式进行组织的。

随着时间的推移，新的图形界面逐渐发展起来了，用户能够通过点击来实现大部分操作，不再需要编写代码。实际上所有可用的商业分析工具都已经在 20 世纪 90 年代末实现了图形化界面。用户界面被不断地改进，加入了丰富的图形、虚拟的工作流图表以及特殊单点解决方案的应用程序。工作流图表是一种很好的新特性，因为它允许分析专家将某个流程中单独的步骤展示在一张多任务关联的视图中，这样就可以利用可视化的方法追踪处理流程中的每一个步骤。

随着工具本身的持续发展，工具的使用范围也逐渐扩大。现在的工具可以帮助分析专家管理分析的部署，管理分析服务和软件，并可以将代码从一种语言转换成另外一种语言。目前，已经存在许多可用的商业分析包。分析工具的领导者是 SAS 和 SPSS，还有不少其他的分析工具可以使用，但许多分析工具仅仅能够分析某些特定的业务问题。此外，也有一些非常好用的开源分析工具，我们随后将会进行讨论。

6.2.1　图形化用户界面的崛起

正如我们刚才提到的，在 20 世纪 90 年代中期之前，进行统计分析的唯一方法就是编写代码。许多人，特别是传统守旧的分析人员，依然喜欢通过编写代码的方式来进行分析。然而，随着用户界面逐渐普及，分析专家们不用编写代码也可以高效率地进行分析了。今天的图形化用户界面可以帮助用户生成分析所需的各种代码。

分析专家们偏向于使用图形化界面还是编写代码,这个问题常引起激烈的争论。事实上,如果用户界面的功能足够丰富,并且在分析效率方面与编写代码相同甚至超过了编写代码,没有人会拒绝使用图形化用户界面,因为真正的分析专家只关心如何能够更快更高效地完成分析任务。另外,目前的软件工具不仅能帮助用户更快地生成分析代码,而且可以通过预先内置的分析解决方案来引导用户解决某些特定问题。

使用图形化用户界面的另外一个好处是,自动生成的代码几乎是没有错误的,并且经过了优化。这与完全人工编写代码不同,人工编写代码的错误率和性能几乎完全取决于编写者的水平。早期的用户界面非常难用,对于一个知道如何写好代码的人而言,编写代码的速度甚至比使用用户界面更快。新一代用户界面的自动化程度和效率已经提高了很多,它使得人们可以更加专注于需要使用的分析方法和分析内容本身,而不是拼命地编写代码。

● 不要做一个守旧的人

如今,许多用户界面在生成代码时已经快了很多,并且这些代码没有错误,且经过了优化。如果分析专家们给用户界面一个机会,特别是对于那些编写了几十年代码,又无法接受除了直接编写代码之外任何新事物的人而言,结果将是十分惊人的。工具可以使得分析专家更高效地工作,因为他们可以把更多时间花在分析方法上,而不是编写代码上。

图形化用户界面的一个巨大优势是可以自动生成代码,但这也是一个很大的风险。自动生成代码听上去非常不错,因为它可以快速地生成代码,但是它也可能会生成垃圾代码。这个问题我们将在第 8 章中进行讨论。如果用户的操作并不熟练,仅仅偶尔使用用户界面来生成代码,那么结果或许和他们所期望的完全不同。如果用户没有理解所生成代码的含义,那么用户将不能辨别代码的状态,这将会导致错误或者不准确的分析流程。

使用图形化用户界面的用户需要理解代码的含义,并且能够检查生成的代码是否符合自己的分析意图。用户通常希望在使用用户界面之后,仅仅需要点选少量选项就可以得到所期待的分析结果,然而,当看到工具所生成的代码之后,你常常会发现这和你想要的东西不完全一样。如今的用户界面帮助分析专家更有效率地工作，让他们将更多的时间花在分析上，而不是浪费在编写代码上。这些分析工具并不能够代替知识、天赋与努力。

6.2.2　单点解决方案的兴起

在过去的十年间，单点分析解决方案一直呈现加速发展的趋势。单点分析解决方案的软件包通常只针对某一具体且明确的问题。通常，这些单点分析解决方案会关注一系列相关联的业务问题，并处在分析工具套件中的顶层。

单点解决方案的例子有价格优化、欺诈检测、需求预测和其他类似的应用。单点解决方案通常基于一些分析工具套件，如 SAS，并调用这些分析工具内部的基础功能。然而，从用户界面来看，这些单点分析解决方案仅仅针对某一明确的问题集合。这个单点解决方案的开发可能耗费了大量人年（劳动量单位，一个人在一年内完成的工作量）。与其自己重新构建一个新的解决方案，企业可以考虑购买一个单点解决方案作为替代，这能节约大量的金钱和时间。

例如，一个针对金融组织的反洗钱应用有一套完整的算法和业务规则来查找可疑的资金转移。这种工具的用户界面专注于分辨可疑的案例，并提供额外的必要信息来帮助进一步分析调查这个可疑案例。这种工具能够帮助企业快速地开始分析工作，而不用从头构建整个流程。

单点分析解决方案使得企业内特定的业务部门可以在日常管理工作中使用高级分析的成果。这些工具的安装、配置与初始化的分析参数设置通常都需要较高层次的专业知识。随着时间的推移，维护和使用这个解决方案所需要的知识门槛逐渐降低。这使得单点解决方案可以服务于更多的用户群体。请注意，这并不违反之前提到的不理解代码就无法使用工具的说法。创建和配置单点解决方案的目的之一就是指导并约束用户进行适当的操作。

相对于普通的业务用户，单点分析解决方案通常服务于更高级的用户。不过，这并不意味着这些用户具有分析专家所拥有的熟练的分析技能。这些解决方案一旦被专家配置好后，它们就能自动地执行许多任务，高级用户能够有效监控分析工具的输出，并确保一切工作正常有序。这种方案的优秀之处是让企业更广泛地使用分析成果，并带来了额外的可扩展性的提升。没有哪个企业拥有足够的分析专家来使用人工方式处理所有的分析需求，单点分析解决方案减轻了这种负担。

了解单点解决方案

单点分析解决方案是解决特定商业问题一种极好的方式。这些工具让更广泛的用户参与到分析流程中。实施一个成熟的、商业化的单点解决方案，其速度也远远快于创建一个自定义的解决方案。但是，当你看到这些解决方案的价格时，准备被震惊吧。

单点解决方案的一个很大缺点是它们相当昂贵。某些知名单点解决方案的企业授权许可可能需要 1 000 万美元甚至更多。如果财务回报高于投入，那也没关系。但是，通常大多数企业既无法承受安装配置的时间和精力，也无法承受同时实施大量单点解决方案的投资成本。因此，单点解决方案通常以串行方式执行，执行完一个，再开始执行另一个。

在未来的几年里，单点解决方案将成为大数据分析的常用分析手段。某些单点解决方案可能正是某些企业现在就需要开始着手的。当计划实施单点解决方案时，有必要对市场上各种成熟方案进行研究比较，以了解你可以选择的范围。

6.2.3 开源的历史

开源软件已经出现了一段时间，能够通过下载供公众免费使用，此外，还可以获得开源软件的源代码，用户可以按照自己意愿开发自定义功能并添加到软件中。

有一些被广泛使用的、成功的开源软件。网络浏览器 Firefox 就是一个例子，还有 Linux 操作系统和 Apache Web Server 软件。之前我们说过了，因特网的高速发展产生了大量的开源活动和社区。网络世界产生了大量的创新，自然也包括了大量的开源创新。

目前看起来开源软件似乎已经涵盖了各个方面，有开源的数据库、开源的商业智能和报表工具、开源的数据整合工具、开源的办公套件等等。还有一些情况，如 Linux 和 Apache，开源的工具集就算不是领导者，也已经成为相关领域内被大众认可的首选工具。但更多的情况下，开源软件并不是市场的主流，只是在一些特殊的领域内使用，Office 办公套件就是这种情况的一个例子。通常来说，大型公司或成立很久的老牌公司，比初创公司或学术型组织更少地使用开源工具。

开源工具一个引人注目的特点是有成千上万的人为改善提高该工具的性能

在持续地做着贡献。由于有大量的开发者在其空闲时间持续优化这个工具，如果发现了某个错误，它会被很快修复。大部分开源项目有正式的组织进行支持。在某些情况下，这些组织可能是完全自愿的；在另一些情况下，可能有非营利组织的全职员工在管理这些项目。通过捐赠，非营利组织可以提供工资，但目的并不是通过软件本身获取收益，仅仅是确保对开源项目的有效管理。开源项目一直对各个领域有着巨大影响，也包括分析领域。下面我们来介绍 R 项目。

针对统计计算的 R 项目

开源工具达到了世界先进分析水平的一个例子是针对统计计算的 R 开源项目，也被简称为 "R"。R 是免费的开源分析软件包，它直接与各种商业分析工具进行竞争并互相补充。R 最初是从 "S" 派生出来的，S 是十多年前为统计计算开发的一种早期语言。使用 R 命名的原因是英文字母 S 后是 R，并且该项目主要开发者的名字也是以 R 开头（Robert Gentleman 与 Ross Ihaka）。

R 得到了快速发展并且被大量的分析专家使用，在高校和研究领域使用尤为普遍。在现今的企业环境中，如果有一个大型的分析专家团队，通常至少有几个成员在使用 R。

虽然商业工具更加优秀，但是 R 的影响力仍然在不断扩大。迄今为止，R 已经拥有了大量的用户，主要分布在学术界而不是大型企业内。R 更多用于研发类任务，而不是针对海量数据的关键生产分析流程。这种情况可能随着时间发生改变，但至少目前是这样的。

R 具有许多强大的功能。相对于其他的分析工具集，R 是面向对象的。它能和常用的编程平台，比如 C++和 JAVA 进行连接，这使得在应用程序中嵌入 R 变得可行。事实上，商业分析工具已经能在内部工具集中执行 R 程序，这是一个非常吸引人的特性。这个话题的详细讨论超出了本书的范围。

也许，R 的最大优势在于，只要新的模型或分析方法开发完成，这个分析功能就会被人集成到 R 中。R 开发并上线新功能的速度远远超过其他的商业软件，一想到这点，就会感觉特别爽。通常情况下，当某个算法被证明有市场需求后，商业工具的开发商才会考虑将其整合到商业工具中。然后他们将把这个算法加入开发计划，进行编码，把这项工程放入未来的发布版中，这个过程可能会耗费好几年。但是 R 就不同了，一旦有人认为某一个算法是有价值的，人们就会在 R

中开发并实现它。

 你在使用 R 吗?

R 是一个有前途的开源分析工具集。近些年来,R 获得了长足的发展并被广泛使用。R 有自己的优势和缺点,并不是每一个组织或者组织中的任何问题都适合使用 R。但无论如何,R 总会有它自己的位置。

事实上,R 是免费的,很多人非常看重这一点。然而,与其他的开源项目一样,有专门提供专有组件和服务的付费公司,这些公司能够帮助你实施或开发 R 程序,在某些情况下,它们拥有改进开源软件功能的组件。免费软件的一个消极方面是没有商业软件那样的支持。你可能或多或少地需要依靠自己去寻找答案,虽然有大型网络社区能寻找答案,但是并没有一个单独的个人或团队来负责提供支持。

R 还有一个缺点是过于依靠编程。虽然 R 有一些图形化用户界面,但是很多用户仍然主要依靠编写代码。另外,R 与类似的商业软件的接口还不够成熟。当然,随着时间推移和 R 的发展,这种情况可能会有所改变。

R 的最大的劣势可能在于它的可扩展性。近期虽然有所改善,但是 R 仍然不具有其他商业软件和数据库那种级别的处理能力。R 的基础软件运行在内存中而不是文件中,这意味着它仅能处理和机器可用内存相同大小的数据。即使一台非常昂贵的计算机,其内存总和也远远少于企业级数据集的处理需求,更别说大数据了。如果一个组织想要处理大数据,R 可以是解决方案的一部分,但是由于 R 现今的地位,要成为解决方案的唯一组成部分还不现实。

越来越多的工具在开发 R 的连接包,包括一些商业分析软件。它会成为像 Linux 或 Apache 这样领先的产品吗?还是会继续保持小众,如开源办公套件那样?在专业分析领域,R 未来会有什么样的地位与表现,这个问题只有时间才能回答。

6.2.4　数据可视化的历史

数据可视化和数据本身一样古老。最近它成为一个行业,不少人以讨论、研究和分析可视化技术作为职业,如 Edward Tufte,他在这个领域创作了很多本书，其中就包括经典的 *A visual Display of Quantitative Information*。

Charles Joseph Menard 对 1812 年拿破仑军队在莫斯科被消灭的描述一直被认为是最好的可视化例子。如果通过本页注释的链接去看他绘制的图片，你就能清楚地想象出这些部队的经历。

在分析的领域里，可视化涉及图表、图像和展示数据的表格。在电脑未出现的时代，图像是手工绘制的。电脑彻底改变了数据的可视化方法，创建可视化变得更容易了。我的第一台彩色打印机，连接在我的老式计算机上。它有一个小巧的彩色圆珠笔，打印纸看起来像是宽的收据纸，圆珠笔在纸面上移动生成要绘制的图形。我可以创建一些低解析度的基础柱状图，稍微复杂点的图形就不行了。

早期分析软件实际上相当巧妙地采用了键盘字符来创建图表，可能并不漂亮，但是确实把意思表达得很清楚。柱状图中的每一个柱体由 x 字符组成，如图 6-1 所示，饼图由一段线段、逗号和破折号组成，而表格则由破折号"——"和竖线"|"组成框架。

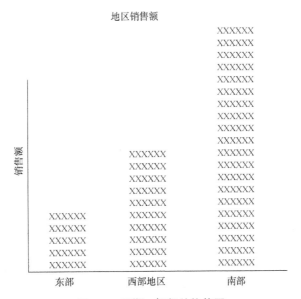

图 6-1　早期、初级的柱状图

等到桌面办公软件流行后，几乎任何人都可以做一个漂亮的、五颜六色的图表或曲线图，并具有完整的标签、图例和坐标轴。分析工具的绘图能力也在提升，远远超过了基于文本的简单绘图模式。

然而，直到近期，可视化大多还是静态的。桌面报告或电子制表工具创建的图表通常是静态的，除非数据被更新。通常，更新是手动完成的。如今，可视化工具甚至实现了与图形进行交互分析，以新的强大的方式来探索与分析数据。

现代的可视化工具

可视化工具发展得如此迅速，以至于许多人并没有意识到它拥有的力量。Tableau、JMP、Advizor、Spotfire 这些可视化分析工具帮助分析专家和业务用户创建各种分析图形，不仅能够清晰地描述出已发生的现象与事实，还提供了一种可视化的交互分析方式来发现新的事实。

今天的可视化工具，可以让多个选项卡内的图形和图表直接链接到基础数据。更重要的是，这些标签、图形和图表是互相关联的。例如，如果用户单击了东北地区的图形区域，所有其他图表将立刻进行调整，只显示东北地区的数据。

这些新的工具被认为是演示文稿和电子表格软件的"锦囊妙计"。一些可视化工具不仅具有类似电子表格程序的透视和数据处理能力，还具有超出演示程序的图表图形绘制能力。现在这些工具还增加了新的功能，如连接大型数据库、可视化交互分析、随意探索和下钻等。这让分析变得极为强大。

数据可视化的大前提是，只看大表或一组数字来确定趋势，但是，这对人类是相当困难的。通过恰当的可视化处理，观察趋势就变得容易多了。一些数据可视化图形，如社交网络图形，其传递的信息几乎无法用其他方式来进行理解或描述。

试想一下，试图向某人有效地解释各个国家的地理分布，但却没有一张地图在旁边作为参考。一旦你看到一张地图，你就能确切地知道这些国家的准确位置，以及它们之间的关联。如果不使用可视化图形而只用文字表达出相同的信息，就算使用非常多的文字解释，也很难达到可视化图形传达信息的清晰程度。

● 用图形说话

人类的大脑可以很精确地理解视觉输入。一个有效的可视化图片可以立刻真实地在你脑海中模仿出类似的画面。只看传统的电子表格或报告，你很难找到想要的内容，也很容易错过重要的发展趋势。图形会说话，很多时候一图胜千言。

模拟智能是商业分析工具中还没有完全实现的一种新技术。模拟智能的概念是借用 3D、《第二人生》等虚拟网上世界以及用于基因研究的先进的可视化工具背后的图形处理能力。然后，使用这些技术来提供一个可靠的、交互式的数据视图。有哪些方法可以在一个交互的 3D 环境中对数据进行处理并获得深入洞察？时间会告诉我们答案。

可视化确实可以使我们获得其他模式无法提供的深入洞察。分析专家现在可以使用这些工具进行数据探索和开发分析应用。一些分析专家还会使用一些专门用于图形和演示文稿的可视化工具。这些可视化工具比传统的制图工具更快、更可靠。另外，如果有人在演示过程中提出一个问题，他们能够在展示过程中下钻并立刻获得答案。没有这种工具前，他们常常需要绘制新的图表，并承诺在第二天上午发送出去。任何希望驾驭大数据的企业，都需要考虑向工具箱中添加可视化工具。

可视化对高级分析为什么如此重要

在第 8 章中，我们将详细讨论沟通和交付分析成果对于分析的重要性。分析专家们经常需要对非技术的业务人员解释复杂的分析结果。任何对完成这项任务有帮助的事物都是好事物。数据可视化就属于这一类型。

如果没有必要，为什么要描述清楚逻辑分析的所有细节？如果一个简单的收益或提升图表就可以告诉业务伙伴他真正想知道的所有的一切，那么参数估计、等分统计、模型评估统计等信息就是矫枉过正。细节需要备份，但业务伙伴不应考虑过多的技术细节，他们相信分析专家会处理好这些技术细节。

如果有一个决策树样式的可视化描述，那么没有多少人会愿意看很长的业务规则描述清单。如果想了解某个赌场或零售商店哪些区域最忙，一种选择是创建一堆数字表格，把它们摊在桌上，尝试分析出其中的模式。你也可以简单地绘制一个赌场或零售商店的热点分布图，图形中的不同颜色代表不同的活跃程度，答案立即就会变得明显。

影响力，而不是漂亮

重要的是专注于可视化的影响力，让一个观点更容易地被看到和理解。可太多的人沉溺于使用绚丽的分析图形，仅仅因为他们可以这么做。事实上，简单才是最好的，除非有明确的需求，否则不应该使用过于绚丽或复杂的图形。

请注意，我们强调的不是图形本身。很多人经常使用过于复杂的图形，仅仅是因为他们可以这么做。实际上，一个不加任何分析内容的 3D 条形图看起来很华丽，但比 2D 条形图更难以阅读和理解。重点应该放在可视化的有效性与影响力上，即可以比其他方式更清楚地说明要点上。一个很漂亮但没有要点的图形只会减损需传递的信息，造成混乱。

有时候一个简单的表格就足够了。在某些情况下，一个合适的可视化内容会让客户对要点的理解程度提升好几个数量级。回想一下我们之前提到过的地图的例子。理解如何可视化数据与结果可以帮助分析专家更好、更有效、更成功地工作。可视化工具的影响才刚刚开始。这些工具未来将被更多地用于分析和交流结果。

新数据每一次都会胜过新的工具和方法

新的数据输入对模型的影响要远远大于新的工具或方法。在传统的分析流程中增加新的数据会显著提升分析效果，这比新工具和新方法的提升更多更明显。这就是为什么重要的是获取大数据，而不是简单地升级并处理你已有的数据。

最后要提醒读者，本章的重点是分析工具和方法的演进。对于分析的质量和效果，可用的新数据比工具和方法本身有更大影响力。例如，获得了以前不具备的客户浏览 Web 详细数据会显著提升倾向模型的预测效果，这种效果提升要远远大于逻辑回归或组合模型等具体算法的创新。工具的进步有助于获得最新的数据源，但是数据本身才是最重要的价值驱动因素。这就是为什么企业要不断收集和使用各类可用大数据源的根本原因。

6.3　本章小结

以下是本章的主要内容。

- 组合模型利用了群体的智慧，通过组合多种方法的预测结果，最终获得了比每种方法都要好的答案。

- 简易模型的目标是快速并尽量自动化地开发一个足够好的模型，而模型是否最优，所有精力是否用尽，这些并不是关注的重点。

- 简易模型把模型的应用扩展到了低价值的问题，也包括那些需要对大量模型进行人工调整的复杂问题。

- 大数据的时代，文本分析已经成为一个非常重要的主题。文本数据的处理方法发展迅速，并得到了广泛应用。

- 文本分析的一个巨大挑战是，仅仅词语本身并不能说明全部问题，因为在文本中没有包含重音、语调和变调等信息。

- 用户界面已经发展到包括强大的图形、可视化工作流图表和专业的单点解决方案。

- 用户界面是分析专家提升生产力的工具，前提是这些分析专家知道自己在做什么，并能确保该工具"最适当地"工作，在友好的使用界面下其实更容易把事情搞砸。

- 单点分析解决方案专注于一个具体领域的分析，如欺诈或定价，并在该领域内进行深入分析。这些工具的影响力在不断地提升。

- R 是一个开源分析工具，近年来被越来越多地使用。R 的一个优点是在软件中增加新算法的速度，它的一个缺点是其目前缺乏企业级的分析可扩展性。

- 与文字解释或电子表格数据相比，可视化方式可以更容易地发现模式。现代可视化工具可以直接连接数据库，建立数据联系与交互式分析图形，具备比传统图表分析工具更多的可视化选项。

- 数据可视化的重点不是华丽的图形，而是如何对数据进行展示，以获得对分析结论更深入地理解。

第三部分

驾驭大数据：人和方法

第 7 章

如何提供优质分析

计算统计、撰写报表、使用模型算法，这些都是提供优质分析的过程中的某一步骤。世界上并不存在一个按钮，可以让你通过简单的一步就得到满意的分析结果。如果不理解或没有专注于分析需求，将带来许多麻烦或导致错误的分析结论，最终将产生大量的额外工作。

这一章将讨论许多这方面的主题，我们首先要认清一些概念，然后我们将讨论一些与创建一个优质分析相关的主题。每个主题都包含一些教训与差异原则，就是这些细微差别让分析不同于报表和统计结果，也是有意义的分析与无意义分析的区别所在。

我们讨论的这些原则应用非常广泛，并不只适用于大数据。大数据增加了企业处理数据的复杂度，因此对大数据而言，坚持处理原则就变得更加重要。如果你的公司只使用报表将无法驾驭大数据，你也不能使用不规范的分析方法来处理大数据。

7.1 分析与报表

许多组织认为分析与报表是一回事。这种观点看起来好像很对，因此我们需要深入讨论一下。报表很重要并且很有价值，正确使用报表可以显著地提升价值。但是报表有它的局限性，我们必须知道这个局限性是什么。

总体来说，一个组织要想在大数据方面有所成就，报表和分析都不能少。这一结论是显而易见的，正如二者已经在之前的其他数据源上发挥了很大作用一样。关键问题是清楚地理解报表和分析的区别。另外，还需要明白二者的共同之处。如果没有这些深刻的理解，你的企业一定会在这方面吃亏。

思想是分析之父

分析可以生成报表，报表也可以生成分析。大多数情况下是报表生成分析。例如，你可能有十个报表在桌子上，把握它们中的关键信息，总结出你的新发现，并搞清楚这意味着什么，这就是分析。正是人们在数据和统计领域中的思想和思考创造了分析。没有经过翻译和解释的数据和统计是没有用的。

7.1.1 报表

让我们先来给报表下个定义。报表环境常被称为商业智能（BI）环境。正是在这种环境中，使用者选择他们想要运行的报表，执行该报表并查看结果。这样的报表或许会包含表格、图形、图表或它们的结合。以下是定义报表的关键因素。

- 报表能够将所需的数据反馈给使用者。

- 数据将以标准的、预定义的格式呈现。

- 在生成报表的过程中，除了通过报表界面请求报表的使用者外，没有其他人参与（我们假定报表模块已经被创造和部署好了）。

- 综合以上几点，报表不够灵活。

我们需要澄清最后一点。创建复杂报表模块的同时，可以创建多种提示（prompts）和筛选（filters）。在这种报表内很可能包含有多种选项，但有了那些预定义选项的限制后，报告就变得相当不灵活了。一般的使用者很难生成全新的报表，或者检查那些预定义的提示和筛选是怎样工作的。使用者可能选择仅仅简单地填写那些默认的提示和筛选。

一种误用报表的情况是：手头上有大量可用的报表，但误以为它们是大量可用的分析。这种现象在许多组织中都很常见。管理商业智能环境的 IT 人员会说，"我们有世界一流的 BI 环境。我们有 500 多份可用的报表，它们可以覆盖任何商业领域，任何人的需求。我们的业务人员拥有他们想要的一切。"

同时，业务人员会说，"太失望了！我们花费了一两年时间来创建这个报表系统，但我依然没有得到我需要的。"如果业务人员和 IT 人员走到一个屋子里，会话往往是这样开始的，商务人员抱怨他们没有得到自己需要的分析结果，IT 人员会说，"你们真是疯了！有 500 份可用报表还不够吗？"最终导致双方相互指责。

分歧源于下面的事实：好像埋藏在 500 份报表中的东西才是业务人员所需要的。但当报表多达 500 份时，他们很难从中找出自己想要的。另外，任何两个人都希望用不同的想法看待同一件事情。每一个商务人员都希望在报表上有一个额外的度量标准，或者用一种不同的方式去组织报表。或许会有 500 份报表摆在那里，但是没有一份是任何商务人员都想要的。

● 在报表中，数量不重要

许多 IT 组织致力于建立尽可能多并且尽可能覆盖所有话题的报表。这可能受到业务人员的如下行为驱使：他们提交了覆盖他们所有可能用到的所有可能的需求，而不是他们真正需要并且会使用的需求。结果，业务人员收到各种各样的报表，可还是得不到他们想要的信息。将焦点放到提供紧密关联的有限报表上。不要掉进这个陷阱：认为拥有最多报表的那个人会获得胜利！

与生成 500 份各种类型的报表相比，提供少量满足终端使用者需求的报表的效果要好很多。重要的是报表的相关性，而不是报表的数量。然而通常情况是，人们更多地关注报表数量而不是相关性。正如我们接下来要讨论的那样，即使拥有了所有商业报表的完美组合，仍然无法提供优质分析，而这些报表仅仅是分析流程中所需的一些数据而已。

有的时候我们不需要对报表进行深入分析。例如，假定你有一个每周产品的销售报表，并且你想知道你的产品是否达到了它们上周的销售目标。通过运行这个报表，答案很快就呈现在了你的面前，也就没有做进一步的工作或分析的必要了。这是增加报表价值的一种方式，它们能够快速简洁地回答常见的问题。如果一切顺利，那么就没有做进一步工作的必要了。如果某些事情看起来与期望不符，那么再做进一步的分析。

7.1.2　分析

定义了报表之后，我们再来定义分析。由此，我们便可比较和对比两者。以下是定义分析的关键点。

- 分析提供问题的答案。

- 分析流程要执行许多必要的步骤来获得问题的答案。

- 因此，分析是为解决特定问题定制的。

- 分析需要一个指导分析流程的人。

- 分析流程是灵活的。

分析大概就是说："我知道了问题，我将整合一切所需的东西去解决这个问题。"这是一个相互作用的过程：一个人处理一个问题，找到获得答案所需的数据，分析那些数据，然后还需要解释分析结果以便为接下来的行动提供建议。以下是分析与报表区别的总结，如表 7-1 所示。

表 7-1　分析和报表的总结

报表……	分析……
提供数据	提供答案
提供要求的东西	提供需要的东西
标准化	自定义
不涉及人	涉及人
相当不灵活	十分灵活

报表与分析之间的相互影响与相互作用很常见，也很有必要。事实上，它们彼此会使对方更加有效。例如，考虑这样一种情形，一个销售经理拿着一份基础销售总结报表，这份报表显示了该地区的月销售情况。这份报表很简单，销售经理查看了每一天的销售情况，然后他将对业务是否在正常运转有个大致判断。直到有一天，他看到一些反常的数据，甚至他自己也搞不懂。于是，他走出大厅去提醒分析团队，告诉他们销售总结报表上有一些奇怪的数据。销售经理要求他们深入挖掘，以搞清楚到底发生了什么。他的这个基于报表的要求产生了一个分析，而这正是分析专家应该做的事情。

另一方面，讨论一下被指定的分析专家将如何解决这个问题。他检查并识别出了问题的深层原因。过了一会儿，他回来了，并向销售经理展示了他的发现。经理或许会说，他刚才整理得到的数据真是太有用了。他生了新的报表并确定了产生经理所述问题的原因，经理想要在以后的基本分析中看到与新报表相似的信息，即使销售数据目前看起来仍处在正轨上。

刚才发生了什么？他对一个问题的分析导致了一个新的报表标准的问世。他将他所做的事情进行了自动化，且这成为一个新的报表标准。

当你的组织试图驾驭大数据时，一个优质分析可能会是这样的：把你所拥有的数据以一种不同的方式，围绕新的目标进行分解。这是用一种前所未有的视角来查看业务状况。分析专家所做的大量工作可能不会那样令人兴奋，他们通常以分析前的数据准备工作和大量的简单计算作为分析工作的起点。

● 分析的价值在于使用不同的方式观察数据

分析的关键不是将问题复杂化。有时一个简单的分析就会提供所有的答案。以不同的方式看待数据常常会产生强大的洞察。如果没有必要更花哨，就停止在当前的程度上。另外，要乐于发现新的、简单的解决方案，并快速把注意力转移到下一个问题上。

在一个问题变得清晰前，通常没有必要搞得太花哨。价值在于用不同的方式做事情，而不是做一些花哨的事情。例如，或许在零售连锁企业中出现了反常的销售情况。一种解决方案是建立一个复杂的预测模型，这个模型仅仅旨在决定是什么因素造成了那些反常。然而，第一步首先是查看供应链上是否出现了问题。也许是运输延误或者恶劣的天气导致消费者躲在了家中。如果已经足以确定销售反常的原因，那就没必要建立一个花哨的模型。你通过一个简单的分析就找到了原因，而分析也可以到此为止。

7.2　分析的 G.R.E.A.T 原则

有价值和影响力的分析才是优质分析。为了使一个分析能够增值，需要把大量的因素进行汇总。优质分析和无效分析的区别是什么呢？优质分析符合G.R.E.A.T 原则（指导性、相关性、可解释性、可行性、及时性）。下面让我们简要说明一下这个原则。

7.2.1 导向性（Guided）

一个优质分析会以业务需求为导向。完成分析不仅仅因为它很有趣或充满了乐趣，尤其是针对大数据的分析，分析人员很容易陷入一些有趣却不相关的分析工作中。伟大的分析总是从一个特定的业务问题开始的。一旦开始，分析将会以所需解决的问题为导向。分析的每一个步骤都应该以所需解决的问题为导向。

7.2.2 相关性（Relevant）

显然，一切优质分析都必须同业务相关。这并不意味着随意地选择一个业务问题。所选择的问题应该是这样的：业务人员需要一个解决方案，并且业务人员有能力解决这个问题。如果产品已经停产，那么评估不同群体顾客对该产品价格的敏感程度就变得没有意义了。

7.2.3 可解释性（Explainable）

一个优质分析需要被有效地进行解释，这对基于分析的所要采取的措施来说很有必要。技术细节可能会成为分析是否有效的证据，分析结果必须以决策者可以理解和消化的方式展现出来。一个优质的分析，是可解释的，且容易被决策者接受并使用。

7.2.4 可行性（Actionable）

一个优质分析是可行的。它会指出具体的步骤，企业可以利用这些步骤来改进自身的业务。如果企业绝对不会将一些商店移动到一公里以外，那么我们的分析中就不应该有类似的步骤。如果没有能力去实施这些步骤，那么分析只是无稽之谈。

7.2.5 及时性（Timely）

一个优质分析需要被及时提交，这样才能在需要做决定的时刻发挥作用。如果一个问题需要下周解决，那么下个月才给出答案将无济于事。某个分析方案可能会在各个方面十分完美，但是它无法被及时完成，从而导致无法支持决策。如果是这样的话，选择另一个问题，把精力用到那个问题上面。一个迟到的分析不是优质的分析。

7.3 核心分析方法与高级分析方法

本书讲了许多高级分析方法。这就涉及了一个问题:"高级"分析方法与其他的分析方法有什么不同。为了简单起见,我们称非高级分析方法为核心分析方法。核心分析方法往往会提出简单的问题,并提供简单的答案。一个核心分析流程将调查发生了什么事,什么时候发生的,以及造成了什么影响。

我们来举例说明。产品经理需要知道上个月的促销执行情况:公司是否像计划中的那样获得了很多新的签约用户,一个核心分析将如何研究这个问题,一个核心分析也许会查看到底有多少用户签约了。这是所发生的事情。每天的签约数量是多少,这是事情发生的时间。新增用户带来了多少收益,以及与基线比较后情况如何,这是事情产生的影响。

请注意,核心分析方法的所有数据都是由标准化的报表提供的。分析本身是验证这些报表、给出参考及建议措施的过程。在这种情况下,分析报表将包括查看数量以及确定目标是否达到,然后产品经理可以确定这些提升是否可以被认为是成功的。

问题是,这种核心分析方法无法处理一些悬而未决的问题,比如说,为什么那项提升会产生这些结果,在未来我们可以为此做些什么?

● 对高级分析方法的研究越来越深入

高级分析方法基于发生了什么事情,什么时候发生的以及结果产生的影响。这种方法还尝试辨别是什么导致了事情的发生和未来我们可以做哪些事情。高级分析方法包括了大量的活动,包括复杂的 SQL 即席查询、预测模型、数据挖掘、预测,以及其他类似的活动。

高级分析方法远胜于核心分析方法。高级分析方法包括从复杂的 SQL 即席查询到预测、数据挖掘、预测模型的方方面面。一个常见的问题是,高级分析方法与数据挖掘、预测或预测模型有什么不同?答案是,这些复杂算法都属于高级分析方法的工作范畴。此外,高级分析方法还包含其他不是复杂算法的分析过程,譬如 SQL 即席查询——不是日常的简单 SQL 查询,而是包括以复杂方式合并数据源的、高度复杂的 SQL 查询。

这些复杂分析活动（像高级 SQL 查询）包含在高级分析定义中的原因是，高级分析方法的主要目的是量化事件的起因，预测事件再次发生的时间，以及识别出对未来尚未发生事件的影响。有时它并不要求有一个独特的模型获得你回答那些问题所需要的洞察。

例如，想象一下，一个公司正在探索客户浏览网站的行为，并做一个鉴别在网站上浏览商品是否会增加客户购买或者不购买可能性的分析。由于网站数据总在更新，解析网站数据以及把网站数据与其他的顾客数据结合起来的工作量非常大。那么，开始阶段的也许是类似于关联分析的简单分析，这样做的直接结果就是，不需要建立一个特定的模型和流程。如果发现了浏览商品与销售之间的强烈关联，那么这家公司将针对那些只想浏览商品而不购买的顾客指定更适合的营销策略。或许以后他们会想更加精确地量化它们之间的关系，但是短期内，他们会自信地相信自己已经找到了一种可以从中获益的模式，所以他们会使用它。

高级分析方法是企业整体分析策略中的一个重要部分，有助于一个机构达到一个更高水平。高级分析方法包括非常复杂的 SQL，或连同建模、预测、数据挖掘及类似原理的数据操作，然而，企业中并没有那么多能做高级分析的人，那些人可以提供强有力的洞察。

7.4 坚持你的分析

优质分析必须被严格地执行。需要留意的一个常见陷阱是随意选取分析工作的成果，通常企业内都会有一些已经工作了很长时间的经理，当没有选择而只能依靠直觉做决定时，他（她）们就会出现，而他们的猜测通常被证明效果不错。在企业里很难找到直觉总是正确的高水平人才，由于他们很善于做出正确的选择，所以他们在企业内如鱼得水。分析的目的并不是完全替代这些经理的经验与想法，而是要根据实践来完善分析。

有些企业会坚持使用数字和数据指导他们要做的事情，有许多这方面的成功案例。有些高级管理人员会要求做个分析来看数据是否支持他正在考虑的行动。当分析结果支持这个行动时，分析通常被用来进一步证明这个决定，并显示这个决定是有数据支持的，完成这项分析工作的专家将会受到极大的称赞。听起来这是一个很棒的结果，难道不是吗？

当分析专家建议说，或许经理们的计划没有看起来那么好时，问题就出现了。如果一个企业的首席执行官承诺会进行分析，并基于事实做出决定，那么他们有必要重新考虑这个计划。然而，经常发生的情况是，分析结果被藏到了桌子底下，反正建议也提过了。在解释决定的原因时，高管们没有提到这项分析，只提及了公司应该执行该计划的其他原因。

前面的例子就是"随意选取分析成果"，即只有结果对原定目标有帮助时才使用分析。如果你打算使用一种分析方法，你必须通过董事会的批准并坚持使用。随意选取，或者只有当结果支持既定方案时才使用该分析结果，这些做法无论如何都无法改善你的业务。它只是做了你一定要做的事情，你只是在分析结果支持你的情况下，使用分析结果作为一个额外理由。实际上，没有任何决策会因为分析结果而发生改变，因此这种分析没有任何价值，是没有意义的分析。

不要随意选取！

最严重的滥用分析的行为是随意选取分析结果。当分析结果对既定方案有用时，选取支持方案的分析结果。但是，当分析结果与原有计划冲突时，它们会忽视这些分析结果。当随意选取分析的现象在企业内屡见不鲜时，而企业还声称它们是使用分析来做出决定的，这完全是一种不诚实的行为。因为在这种情况下，没有任何变化或改善，很多额外时间和金钱都花在了不能产生任何变化的分析工作上。

7.5　正确地分析问题

为了得到一个优质分析，需要提出正确的问题，收集正确的数据，设计能够解答这个问题的正确的分析方案。也许优质分析和劣质分析最重要的差别就是能否预先正确地分析问题，其次的差别是在开始阶段是否建立了正确的问题分析框架，而这些都发生在分析流程开始之前。

建立正确的问题分析框架，意味着已经提出了重要的问题，并定义好了关键的假设。例如，获得更多收入或利润是一项新倡议的目标吗？不同的答案会给随后的分析过程与执行方案带来巨大的影响。我们可以拿到分析所需的所有数据吗？或者有必要收集更多的数据吗？在设计分析方案时，考虑过备选方案吗？如果没有对这些问题的深刻理解，所有的分析工作都将是无用的。这会导致一种典型的场景，即输入无用数据，从而导致输出无用结果。

以一个为某企业构建客户分类模型的咨询团队为例，该企业有 B2B 和 B2C 两大业务板块，咨询师们知道该企业有 B2B 业务，但其业务规模相对较小，且在该项目的任何会议中都从来没有提及过 B2B 的业务。

咨询师们开始分析企业的客户数据并产生了困惑，因为某些客户的行为非常极端。当咨询师看到无法解释的奇怪模式时，咨询师会告诉企业发现了一些不寻常的事情。企业立即回应，"这是我们的企业级客户，即 B2B 业务。"该企业认为本次分析只需覆盖个人客户，但它们提供的客户数据则包含了全部企业客户与个人客户。

📊 分析框架非常重要

建立问题分析框架和设计分析方法比后续进行的一切工作都更加重要。如果没有很好地分析问题，设计了一个糟糕的分析框架，那么这项分析工作将是不精确的且没有任何价值。我们需要适当地强调分析框架的建立和设计的过程，以确保分析框架是正确的，否则将不可能得到一个优质分析。

这件事情说明了，在分析流程中引入对业务的理解是非常重要的。最初咨询师没有建立针对企业客户的适当分析框架，而这些客户会干扰分析模型。最后，咨询师决定构建两个客户模型：一个用于企业客户，一个用于个人客户。把两类客户分隔开是有必要的，因为他们有完全不同的行为模式。为了正确地分析这个问题，有必要每次只专注于一类客户，或者为每类客户建立不同的分析模型。

优质分析来自于正确的问题分析框架，这包括正确地评估数据，制订详细的分析计划，并考虑各种技术和可能出现的各种问题。可以说，构建问题分析框架是做出优质分析的关键步骤，如果这一步没有做好，随后的工作也将很难做好。

7.6　统计显著性与业务重要程度

分析专家通常很关注统计显著性，这并不是坏事。关键是，统计显著性只是优质分析的一部分。统计显著性的测试需要一组假设，并评估在假设正确的前提下产生某种结果的可能性有多大。

例如，如果人们假设一枚硬币是均匀的，那么它正面着地或反面着地的可能性各是 50%，而一枚硬币连续 10 次反面朝上的概率非常小。如果看到 10 次硬币反面朝上，这只有两种可能：第一种可能是撞大运了，这种情况在 1 024 次尝试中只会发生一次；第二种可能是硬币可能不均匀。通过 10 次反面朝上的统计显著性计算，你可以有 99.9% 的自信认为该硬币是不均匀的。这是因为一枚均匀硬币产生这一现象的可能性只有 0.1%。这种计算就是统计显著性所关注的。

有必要区分统计显著性和业务重要程度，这两者是不同的，让我们来看看为什么。

7.6.1　统计显著性

统计显著性经常被用于求平均值和百分比，它常用来对统计模型的参数进行估计。统计显著性测试是非常有价值的，它会确保数据没有欺骗你。你可以从数学角度来查看区别是否足够大，以及区别是否有价值，有时候看起来是重要的差异其实并不重要，而看起来不重要的差异却会有重大的意义。一个统计测试将确保结论的正确性。

关于测试有一整套的方法论。商业世界中常见的术语是测试和研究。测试和研究只是大学统计课程中的基本实验设计概念。在测试和研究环境中设计实验的目的是评估一个或多个选项的效果，并确定哪一种选项的可能性最大。

业务人员需要确保遵循正确的方法进行决策，而不是简单地使用那些"明显的"答案。有一个完全违反直觉的例子，也是我最喜欢的例子，是关于某大学的球员评估问题。请看一下表 7-2，有两个一起玩了 5 个赛季的棒球球员，从表 7-2 中可以看到，在 5 个赛季的每次比赛中，乔的平均击球率都高于汤姆。假如我们有一个非常简单的问题："在这五个赛季中,谁的平均击球率更高?"请读者花一点时间思考,并确定你的答案。

表 7-2　赛季中棒球的平均击球率

赛季	汤姆	乔	赢家
1	0.252	0.255	乔
2	0.259	0.266	乔
3	0.237	0.241	乔
4	0.253	0.255	乔
5	0.256	0.257	乔

答案是……这也许会让你感到惊讶:我们不知道谁拥有最好的总体平均击球率!因为在表 7.2 中没有足够的信息推测出所有 5 个赛季中谁的平均击球率更高。

这怎么可能?如果我们知道在每个赛季中,乔和汤姆有相同数量的击球数,那么答案就像看起来的那样简单,乔将是赢家。但是假如他们的击球数不同呢?在乔和汤姆都有各自最好的平均击球率的赛季,假如乔受伤了几个月,只有很少的击球数,结果又如何呢?类似地,如果汤姆受伤,在本赛季中有最低的击球率,因此乔有更多的击球数,结果又如何呢?即使汤姆每个赛季的击球率都较低,整体上他也可以有比乔更高的击球率!这可能不常见,但这完全有可能出现。

⬤ 永远不要走捷径

当你只知道故事的一部分,你得到的结论可能是完全错误的。所以永远不要采取简单的分析就认定结果是确实可信的,还坚持没必要进行任何形式的统计显著性测试。因此,要始终确保你拥有所需的全部数据,在得出结论之前,还要对这些数据做各种测试。

不知道击球数,就不可能确定总体上谁做得更好。看一下表 7-3 的示例,汤姆是如何在 5 年的整体评估中成为赢家的。在这项总体评估中,基于 t 检验,汤姆和乔在击球平均数方面的区别没有足够的统计显著性。所以,我们发现实际上是汤姆赢了乔，而表面上看起来是乔击败了汤姆。请注意，这个结论并不是那么简单的，虽然汤姆赢了，但是他的领先优势并不显著。这些分析都与统计学相关，因此分析所得结论的差别也更加细微。

表 7-3　平均击球率的总体比较

年	汤姆：平均击球率	汤姆：击球数	汤姆：得分	乔：平均击球率	乔：击球数	乔：得分	赢家
1	0.252	123	31	0.255	341	87	乔
2	0.259	355	92	0.266	109	29	乔
3	0.237	139	33	0.241	377	91	乔
4	0.253	304	77	0.255	294	75	乔
5	0.256	363	93	0.257	206	53	乔
总计	0.254	1 284	326	0.252	1 327	335	汤姆!!

*汤姆获胜，但领先的幅度并不显著。从统计学的角度看，汤姆和乔的成绩是相关联的。

大多数人会看表格 7-2 的数据，却不愿费心去深入思考这个问题，他们只能得到表面上显而易见的答案：乔有一个更好的整体平均击球率。请不要这么做，一定要确保你做了测试和验证。

最后一点和统计显著性相关的是，当人们通过统计试验，确定自己的结论有 95% 或 99% 的准确性时，大多数人会感到非常惬意，时刻谨记的是，你是正确的概率是 95%，但仍然有 5% 的概率你会出错。这意味着，你每重复执行 20 次，都会出现 1 次错误。

要确保结论的准确性水平与相应决策的风险程度挂钩。例如，假设企业会因为这个错误的决定而彻底破产，那么 95% 的准确性水平可能是不够的，也许 99.9% 或更高的准确性才是你的目标。

假如大量重复，至少出现 1 次错误的概率就会变大。你必须准备好分析这些错误并从中进行学习。或者，你需要把统计显著性设置的非常非常高来保持非常非常低的风险。对新药的临床试验来说，准确性门槛就非常高，因为一个糟糕药品的影响非常巨大，甚至包括死亡。而一个公司决定在剩下时间里应该把图像 A 还是图像 B 放在某个网页的顶部，这个统计显著性的门槛就非常低了。

7.6.2 业务重要程度

我们讲过了统计显著性的含义，以及获取完整数据并进行正确测试的必要性，因为没有人可以100%地肯定决定是正确的。这不是分析工作的结束，最后一步是评估统计显著性发现的业务重要程度。

让我们假设统计建立在分析的基础上。这里还有一项同等重要甚至更加重要的工作，即提出正确的问题。这项统计分析的结果很好，但是这对于业务来说重要吗？业务人员是如何利用对统计分析结果并采取相应措施的呢？我们发现了一个影响因素，但是它造成了足够大的、有意义的影响吗？

请务必将分析结果放到业务环境下进行最终的验证分析。可能你有99%的信心，将某次促销方案的客户响应率至少提升 10%，这很棒！但是如果这个促销方案的成本是原来方案的 2 倍怎么办？在这种情况下，取得额外10%的响应率不能够弥补额外的成本支出。在这个场景下，回报率的高低并不重要，至少从业务的角度来说是如此。

从一个更宏观的角度来看待统计显著性。哪些成本与前面提到的业务建议相关？在一段时间内这个建议可以带来多少收入？这个方案是否与公司的长远战略保持一致？是否有足够的人员和时间来实施这项方案？统计显著性是非常重要的，但只有与业务关注点结合起来，它才会变得有价值。

● 一个出色的分析能带来价值，而不是干扰

理解统计显著性和业务重要程度的差异与关联是非常重要的，尤其是在这个数据泛滥的时代。分析专家们会从海量数据中发现有趣信息。当数字反常时，他们会说："哇，真奇妙！" 但不要忘记去确定它的业务重要程度。分析工作的一个组成部分就是确认分析的发现是否成立，以及是否具有业务相关性与可行性。否则，这项分析没有任何价值。

7.7 样本 VS 全体

通常来说，抽取样本进行分析是惯例，关键在于能否获得足够多的样本数据

来分析手头这个问题。当有大量数据时，获取足够的样本并不难。今天的系统都具有足够的可扩展性，直接针对全体数据进行分析也是可行的，抽取 10%的样本顾客进行分析便不再是必需的，因为我们可以直接分析全体客户。在某些领域，比如临床试验，目前大多还是小样本数据，这一直是个问题，而这些领域是一些特例。然而，大多数情况下，抽样仍然是分析计划的重要组成部分，因此必须确保抽样的正确性。

下次在读报的时候，留意一下报纸里那些不变的调查，你会发现所有调查结果的底部都会声明一定的误差幅度，通常情况下是加减百分之三到五的范围。你也会看到调查所用随机样本的规模，通常情况下是 800 人～1 200 人。无论是什么问题和主题，这些误差幅度和样本规模通常都保持不变。要确保一定的误差幅度只需要大约 1 000 个样本。

样本规模越大，误差幅度越小，越能肯定样本的观察结果接近于真实答案。大数据会带来大的样本规模，以至于简单的数据汇总就能够达到很高的统计显著性，剩下的一些误差幅度，已经不会对业务造成什么影响。

可能成百上千的网站都在探索研究多少人点击了 A 或 B 链接。也许，某网站发现点击 A 的人占2.523 5%，点击 B 的人占2.523 7%。初看起来好像差异很小，但是如果样本足够大，这 0.000 2%的区别也具有统计显著性。然而，这个差异还是太小了，虽然具有统计显著性，也没有太多价值。这不符合我们之前讨论过的业务重要程度与相关性准则。就像统计学里的这句谚语，"只有能带来差异的差异，才是真正的差异。"

在过去，分析人员一直强调要获取足够的样本，过小的样本会引起分析师对误差幅度的担忧。当一个样本很小时，误差会变得很大。在这种情况下，很多分析都将没有意义。到了今天，人们有必要确定没有使用过大的样本。虽然样本过大看起来是一个奇怪的概念，但这已经成为一种需要考虑的可能性了。

如果某个业务问题只要求分析 20 万名随机客户的样本以获得精确的市场需求预测，在这种情况下，只是因为可以做到就对全部 2 000 万名客户进行分析，无疑是对时间和资源的浪费。在这种情况下使用抽样数据进行分析，完全可以发现具有统计显著性、业务重要程度较高且相关的分析结论。在某些情况下，如果必须是 1%的差异，业务人员才会采取行动，那么就要确保样本数据足够大，大到1%的差异也具有统计显著性。使用大样本就能保证1%的差异也具有统计显著性，但同时也会带来大量额外的、无意义的数据处理工作。因此，要确保样本足够大又不要过大。驾驭大数据将需要从大量数据中提取精华部分进行分析。

有时候需要分析全部的数据。依据一些标准找到所有数据中的前 *N* 个，就是一个这样的常见例子。例如，某项分析需要找到前 100 个消费最多的顾客。随机取样无法得到想要的数据，它只能随机得到一部分顾客的信息。在这种情况下，拿到全部顾客的数据是必要的。在进行分析之前，就要决定是否需要抽样，样本应该有多大的规模。只要有可能，就应该尽量使用抽样数据。

另一个常见的误解是，一个单一样本可以用来分析不同的问题。市场部门可能只需要 10%的顾客来进行分析，因此市场部门只需要从客户群中抽取 10%的样本，这个样本数据对于其他部门则未必有效。下面我们来分析原因。

⬤ 你需要全部的数据！

如果为了不同的问题抽取了不同的样本数据，最终，你会需要100%的数据。不要因为目光短浅而把某个分析主题暂时不需要的数据丢弃。抽样并不是反对收集并存储所有你能获得的数据。企业数据环境不是为了样本数据存在的，相反，样本数据来自于企业数据环境。

对于一家通信公司，10%的客户数据就可以满足客户关系处理（CRM）团队的分析需求，然而，销售部门需要分析不同区域的销售情况，他们需要抽取 10%的区域，并获得这些区域 100%的交易数据。因此，销售部门和客户关系处理团队的抽样群体是完全不同的。他们可能不会得到全部的客户信息，但是他们能够得到指定店铺的全部信息。同样的，一个产品经理可能需要 10%有关商品交易的样本，这个样本可能不会包含全部的关于客户和商铺的交易信息。因此，这 3个部门需要不同的样本。

重点是，每个问题都至少需要 10%的样本数据，但不同问题的 10%的样本数据各不相同。如图 7-1 所示，不同的样本被用来支持不同的问题，在某些情况下，可能需要 100%的数据。因此所有数据都应该是可用的，即使某些数据从来都没有被使用过。

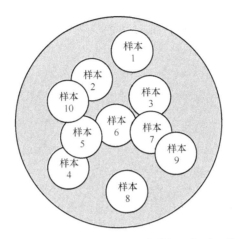

任意给定问题可能都只需要一小部分样本数据。但时，使用样本数据
获得解决问题的分析方法后，就需要使用全部数据进行分析了。

图 7-1　不同的样本需要不同的数据

7.8　业务推断与统计计算

本节主要讨论分析和报表差异、好分析和坏分析差异的核心。假设某一分析
显示统计结果具有统计显著性，执行分析的分析专家也确认该发现很重要，且与
业务具有相关性，那么分析专家就要进一步推断出基于分析结果能采取什么措
施。对一个好的分析来说，必须能够基于分析结果推断出未来的行动方案，或提
供指导建议。另外，假如某些分析结果不支持行动方案，这些分析结论也应该被
记录下来。

一个出色的分析会尽可能地简化决策者的决策难度。当然，决策者需要做出
最后的决定，但重要的是，分析的汇总结果能够提供科学决策的基础。一个出色
的分析需要初步推断所应该采取的行动，而不是简单的数据估计。仅仅生成一个
报表并不是分析，简单地提供数据或者专业信息也不是分析。

● **你需要分析专家，不是报表制作人员**！

分析专家的工作是提供分析和建议，而不是仅仅提供报表、数据以及其

他统计结果。与报告是有价值的一样，能够从数据中分析问题并提供解决问题的方案的人也是有价值的。然而，更大的价值是解读分析的结论，以及建立行动计划。只有这样，报表才能成为分析，报表制作人员才能成为分析专家。

仅仅指出方案一比方案二效果好 10% 是不够的，关键是如果有了这些数据，应该得出什么结论。一个出色的分析应该包含应该采取措施的步骤。如果是方案二超出方案一 10%，那么就应该补充基于方案二的建议措施。在这个简单的例子中，这是非常明显的。然而，很多分析要复杂得多，在这些复杂的分析里，提供对行动方案的建议将非常有帮助。决策者不应该自己寻找可选方案，而应该获得这些选项并进行判断和取舍。

7.9　本章小结

以下是本章的重点内容。

- 报表不是分析。生成报表通常是分析的开始，如果被恰当地使用，分析和报表能够互相促进、相得益彰。

- 分析是依据事实进行决策的，以解决实际的业务问题，并推断出应该采取的措施。分析流程中可能会用到从报表到预测模型等的各种方法与工具。

- 一个出色的分析必须满足 G.R.E.A.T 原则，即导向性、相关性、可解释性、可行性、及时性。

- 高级分析的范畴不仅仅是回答"发生了什么"、"会有什么影响"这些简单的问题。它要进一步深入地研究，"为什么会发生"，以及"我们能做什么"。

- 企业进行分析时最糟糕的一种方式是，只选取有益的结论而忽视不利的结论。这样的行为完全违背了分析的目的，也不会带来任何价值。

- 分析最重要的部分是，在事情发生之前做出判断。能否建立对正确问题的分析框架会直接影响到分析工作的成败。

■ 统计显著性不同于业务重要程度，不要通过统计测量方法来判断分析结果的业务重要程度。

■ 统计显著性测试只是提供了结论正确的概率。把显著性水平测试结果中较小的那部分概率与实际的错误联系起来。

■ 虽然对全体进行分析是可行的，但是它可能会带来额外的成本与工作，还没有太多实际的收益。因此，在很多情况下，包括分析大数据，抽样都是一种好的策略。

■ 一个出色的分析要提供对业务的推断和应采取的行动方案，并不是简单地汇报统计数据和事实。

第 8 章

如何成为优秀的分析专家

本章开始之前，我们先来做个小测验。测验非常简单，不用紧张。现在坐好了，花几分钟时间想一想顶级分析专家的身上有哪些最重要的特质。被我们称为分析专家的这种人，能够成功地驾驭大数据，有能力完成第 7 章里描述的那些复杂的分析工作。他们是掌握了高超技巧且受过专业训练的分析专家，他们能够建立预测模型，完成预测或者类似的工作，他们并不是只会做复杂电子表格或报表的那类人。列出你认为最重要的 3～5 项特质。好了吗？你的清单应当包含你认为最重要的那些特质，完成后请继续往下阅读。

大部分读者的答案都不会完全正确，都会有这样那样的错误。原因是当我们谈到什么是优秀的分析专家最重要的特质时，会根据一些常识来判断，而这些常识即便说不是完全错误的，也是不完整的。本章将对此进行探讨，讨论究竟是哪些特质让优秀的分析专家脱颖而出。首先，我们要清晰地界定分析专家的含义。

8.1 哪些人是分析专家

被冠以分析专家头衔的人会有很多不同的称呼。以往最常见的称呼是分析专家、数据挖掘工程师、预测建模工程师以及统计人员。最近，数据科学家这个称呼比较流行，尤其是指那些使用 MapReduce 工具并分析大数据的人。本书将上述所有人全都认为是分析专家。

事实上，上述分析专家虽然头衔多种多样，但是他们技能的相似程度会大于差异程度。这些分析人员的日常工作都是利用数据解决业务问题。不同类型的分析专家所使用的工具或算法可能会有所不同，但优秀的分析专家会根据需求在不同领域之间自由徜徉。如本章所述，优秀的分析专家之所以与众不同，绝不是因为他们使用了不同的工具、算法或数据。

需要特别指出的是，与传统意义的分析专家相比，数据科学家这个新的群体并没有什么特殊之处。就像以往分析专家关心的是找到新颖有效的方法利用数据解决业务问题一样，数据科学家也是如此。事实上，数据科学家喜欢使用不同的工具、编程语言和数据集，这种做法并没有让他们的目标和意图有所不同。他们使用的都是相同的技能，具备相同的竞争力。

唯一阻碍传统意义上的分析专家成为优秀数据科学家的是培训和学习，反之亦如此。有了一定的基础，任何优秀的分析专家学习一门新的语言、一种新的工具，都不会有什么问题。任何优秀的分析专家都会迫不及待地抓住机会，去了解新的数据源以及它们的使用方法。

凡是认为自己是分析专家的人，无论他们被称为数据科学家还是分析专家，都会认同本章的观点。跟这些分析专家进行交流的那些人肯定也会认同这些观点。分析专家能够理解他们彼此之间有很多共同之处，这一点对他们来说非常重要。这些特质和行为正是所有优秀分析专家的特征。

8.2 对分析专家常见的误解

列出分析专家最重要的特征时，大多数人都会加上学历这一点。通常，我们会认为优秀的分析专家应该是学统计学、数学、计算机科学、运筹学或者其他类似的专业。而且，我们经常还会认为他们得有个硕士学位或者博士学位什么的。我们经常关心的另一点是编程经验。我们认为优秀的分析专家应该可以使用多种语言编程进行分析。这种认识背后的逻辑是，普通分析人员所使用的工具，分析专家肯定用得更好。

人们普遍都会选择列出上述这两点，但这是不正确的。优秀的分析专家需要很强的数学和统计学背景知识。正经八百的学位，其实并非必需。在工作中边干边学，或者通过其他方式学习也是可以的。优秀的分析专家需要一定的编程能力，这是因为所有主流的分析工具都要有一定的编程知识才能用好。但是，具备这些编程能力也不能保证百分之百成功。

这就应了数学上的一句话：必要但非充分。要想成为优秀的分析专家，统计、数学、编程这些技能是绝对必要的，但并不充分。除了这些基础知识以外，分析专家还需要掌握更多的技能。具备数学方面的基础知识和编程能力是一个前提条件。虽然这些能力很重要，但它们并不是区分优秀分析专家和普通分析人员的分水岭，它们仅仅是起点而已。

如果招聘经理把注意力过多地放在技能知识以及学术背景上，结果是他们招到的员工也会把精力放到这些支离破碎的事情上面，而非关注全局。公司在招聘分析专家的时候还要在其他层面上设定一些评价标准。毕竟，我们需要的并不是那种"统计极客"，坐在角落里没日没夜地摆弄奇妙算法的人。招聘那些人并不会保证我们获得成功。

我们需要的是能够融入团队的分析专家。他们能够理解亟待解决的业务问题，理解如何才能有效地帮助业务部门解决他们的问题。如果没有这些顶级人才，我们就无法驾驭大数据浪潮。下面，我们将讨论怎样才能找到这些顶级人才。

8.3　每一位优秀的分析专家都是独特的

这些年最让我吃惊的是，我认识的每一位优秀的分析专家都是独特的，或多或少都会打破一些常规。我圈子里的一些人也有着同样的感觉。为什么优秀的分析专家往往会与众不同呢？列举我们认为优秀分析专家通常应该具备的基本特质，从清单上来看，会发现他们多少都会违背这些特质！在开始讨论更重要的特质之前，我们先来讨论为什么有些特质并非像看上去的那么重要。

8.3.1　教育

有一位多年前曾与我共事过的男士，他是我所认识的最优秀的分析专家之一。他的名字叫 Bart，Bart 早于我加入当时我在的那家公司，开始我并不了解他的教育背景。我很快注意到，这个人是真的行家。在我还是新人的时候，我会向他请教编程中遇到的问题，他既能帮助我处理统计方面的难题，还能帮助我掌握公司的业务。更重要的是，他甚至可以帮助我了解客户的业务。

过了一段时间，我才发现他"仅有"一个商科学位，还是本科，Bart 根本没有什么高等学位。他仅仅是在商学院的时候学习了一些统计知识，他也没有接受过任何正规的编程训练,编程完全是他自学的。

Bart 在工作中选修了一些课程,并向其他同事学习了工作所需的统计学基础知识。他还读了一些书,Bart 的编程经验完全是靠实战获得的。最终,他变成了我所认识的最优秀的分析专家之一。但是在技术方面,他并没有受到过什么正规的学院派训练或者参加过什么技术培训。他就属于那种能够驾驭大数据的人。不要把注意力过多地放在正规教育背景上面。我们真正要关心的是分析专家是否拥有满足工作需要的实用分析技能。

8.3.2　行业经验

公司和招聘经理往往会非常关心分析专家或者其他人员的行业背景,这很常见。如果分析专家以前从事的是电信业,他们会认定这个人干不了银行业。如果分析专家以前从事的是银行业,他们会认定这人干不了制造业。如果以前是制造业的,他就干不了零售业。

这种看法是不公正的。假如说有两名合格的候选人,一个了解某行业而另一个不了解某行业,我们当然选择了解某行业的人了。但是,我们面临的选择往往不会这么简单。譬如说下面这样的两名候选人,一个是普通的分析专家,他了解本行业的方方面面,另一个是其他行业里卓越的分析专家,但他对目标行业没有任何了解。这时我们一定要选择后者,一名卓越的分析专家不分行业,他能很快地在新的行业里变得非常优秀。而平庸的分析专家很可能还驻留在原地踏步。此外,了解其他行业里的一些观点也是非常有益的。每一个行业都有自己特定的做事风格。优秀的团队可以从来自其他行业的分析专家身上学到很多新的知识。

● **放眼外部**

招聘分析专家的时候,我们要不停地留意行业外部的情况。优秀的分析专家业务上手的速度会非常快。此外,他们还能带来自己行业里的新鲜思想和方法。从竞争对手那里招聘我们想要的人肯定错不了,但我们要给他们足够多的时间让他们能够更好地融入我们的团队。

下面我们来看一个真实的案例,主人公名叫 Mark。在这个案例里,对行业的要求几乎是不能妥协的。Mark 以前在银行业干了好多年。我们团队的人力资源非常紧张，我们需要新的人手来做一个零售业的客户。团队里面每个人都认为 Mark 是非常非常优秀的分析专家，但以他的银行业背景，他能干好零售业的项目吗？

优秀的分析专家肯定会认同这样的观点，他们是能跨行业工作的。凡是谈到跨行业工作，肯定是要改变自己以往的思维方式，学习新的术语，计算不同的指标，但他们肯定可以搞定。在其他许多行业中，这种论断也是正确的。Mark 有机会在零售业项目中一展拳脚，他愿意投入额外的时间学习零售业的业务知识，也愿意与指定的零售行业专家紧密协作。第一个项目搞定数月后，当 Mark 再与其他零售业的客户见面时，客户甚至认为 Mark 已经在零售行业干了很多年。这是因为 Mark "掌握" 了项目背后的业务知识，能够把自己以往在银行业中学习到的概念灵活运用到零售行业里。Mark 非常主动，有创造力，也很聪明，这才是关键所在。

8.3.3 当心 "人力资源清单"

几年前，公司 HR 找到我说 "我们制定了一些新规矩，你得帮忙更新空缺职位的必备条件和优选条件。从现在开始，任何纸面上写下来的必备条件都是百分百要遵守的绝对必要条件。" 换句话说，如果职位描述说候选人要有学士学位，或者统计水平要比较优秀，那我们就不可能面试更不可能招聘不具备这些条件的人员。

考虑再三，我把修改后的清单发给了 HR，上面列举了一长串的优先考虑条件。而必备条件只有一项：学士学位，不限行业。要有学士学位的唯一原因是要确保候选人接受过高等教育。坦白地讲，虽然只有一项必备条件，这份清单还是太过苛刻。

HR 打电话给我，"Bill，你是不是搞错了？必备条件怎么什么也没写，你是不是漏掉了一些重要的必备条件？" 我告诉了他我的想法，我说，"坦白地讲，如果列出我通常认为的必备条件，那团队现有的成员都多少不符合必备条件。如果将某项列成必备条件，就不可能有例外，你说我还敢列出来吗？我不能因为工作描述的限制而冒险错过优秀的候选人。我宁愿写一个模糊的工作描述，这样我才可以找到合适的人选。"

根据知识和技能招聘，而非勾选多选框

招聘行业分析专家，我们可以从列举经验要求和教育背景的详细清单开始。第一轮面试前先准备一些（但非全部）多选框作为选择是合理的。但这种做法并不充分，考核一个优秀的分析专家涉及很多方面，并非只涉及技术因素这么简单。事实上，使优秀的分析专家显得与众不同的更多原因是，我们接下来将要讨论的除了技术因素外的其他因素。

8.4 优秀分析专家身上经常被低估的特质

下面我们讨论优秀分析专家身上最关键的特质。这些特质对其他业务领域也是有价值的，我们这么说并不是要否定它们对于分析的重要性。下述的每种特质都比我们以前讨论过的更重要。维持既有的分析流程会容易一些，如若要寻求新的突破，建立新的分析流程，人才招聘和人才挽留就显得比较重要了。要想成功地驾驭大数据，完成支撑大数据所需要的具有创新性的新业务分析流程，我们需要跨过更高的标杆。

8.4.1 承诺

承诺是普惠每个行业的特质。总会有人愿意挥洒汗水让项目按时交付，使项目获得最终成功。当然也有人不愿意这么卖力地干活。在公司里，我们得弄清楚哪些人靠得住，哪些人靠不住。任何优秀的分析专家都会言出必行。幸运的是，我们在面试过程中通过候选人对自己以前工作和成果的描述，就可以看出这种特质。认真倾听，就能找出可以满足承诺这项要求的候选人。

关于承诺真的不需要讲那么多。我们都知道承诺对于各个领域的重要性，这其中当然也包括分析领域。

8.4.2 创造力

创造力并不是大多数人一想到的分析专家就会想到的特质。大多数人以为分析专家的工作就是处理那些一成不变的统计公式。他们只需要按书本上说的那样做就行了，并不需要创新。事实是这样的吗？

　　肯定不是。根本原因是我们遇到的每个业务问题都是不同的，而解决各种问题的数据往往都会很复杂且不完整。分析专家必须得想清楚要以怎样一种全新的方式，并利用手头上的数据解决新出现的业务问题，这就需要创造力了。没有哪本书或哪套规则能够说清楚我们要怎样做关于业务问题的大量决策，怎样以正确的方式把事情全部做好。

　　另外，每次分析专家都会遇到一些不可预见的问题。有时候遇到的只是小问题，有时候会遇到大麻烦。每次遇到"@#%$&*!!!"，分析专家就会意识到碰到大麻烦了。创造力就是解决这类问题的新方法。我们遇到的可能是数据问题，也可能是实际动手分析时才发现自己没有真正理解的业务问题。创造力的存在就是要解决这些困难，并得到最终结果，达成目标。

　　不要低估分析专家创造力的重要性。创造力在那些自称为分析专家的人身上并不常见。以创造力作为评判标准会筛选掉很多人。如果给你 10 个人，有两三个人能满足要求就不错了。有的公司会使用性格测试，有的会让候选人解决随机出现的问题来评判他们是否有创造力。我评判一个人是否有创造力的方法是，让他自己讲在遇到"@#%$&*!!!"这类分析问题时他是怎么做的。有创造力的人讲出来的故事往往很动听，而没有创造力的分析专家只会把自己解决问题的步骤简单地罗列出来。

　　1．干净的数据只存在于教科书中

　　干净的数据真的值得在本节中用单独的一部分讲解吗？我们在这里讲干净的数据是因为，分析专家的数据处理方式必须得有创造性。数据永远不会像我们想的和要求的那样干净，数据永远都会有缺陷、不完整和错误，数据还会违背分析方案中的一些假设条件。

　　我们在学校上学的时候，都认为数据应该是准确的、干净的、完整的。如果有的数据点不是这样，那我们就会弄清楚原因，然后调整数据。每一个在校生都拥有这个疯狂的想法，教科书的例子反映了他们以后将在商业世界中遇到的情况。但是，商业肯定不是按照教科书的方法在运转。数据永远不可能跟课堂案例一样简单。例如，性别编码除了"M"、"F"、"U"以外，还可能由于某些未知原因而变成"H"。同样，客户也许会在杂货商店购买 10 000 000 美元的商品。还有，虽然产品将被卖出，但其产品代码却并不存在。

这些情况会产生严重的问题。换句话说，当数据并不是我们想要的和我们所要求的，我们要怎么办？我们是不是应该忽视那些没有真正发生购买行为的消费者？我们是不是要把"H"变成"U"？产品代码能否被正确识别？弄清楚如何才能最有效地利用分析数据是任何分析工作中最困难的部分，这需要有一定的创造性。如果分析专家发现数据不完整，不能充分地解答我们期待的问题，就应该发挥创造力找到方法让不可能变成可能。在这个过程中，我们可能要弃用其中某部分数据，或者修正一部分数据。我们可以从快速解决问题并取得小小的胜利开始，然后在此基础上不断完善已有的成果。

● 追求完善，而非完美

解决业务问题时，我们追求的目标应该是不断完善，而非追求完美，理解这一点很重要。如果只要把数据弄得干净一点，就能获得一些工作成果和提升机会，这该有多好。优秀的分析专家关心的是如何完善工作成果，如何从不标准的数据中努力获得他们想要的结果。分析结果本身可能并不完美，但它们足以支撑决策，我们大可以此为基础不断地改进策略，这样就已经很好了。

会员卡分析就是这样一个领域，它的数据永远也会不完美。即使是最忠实的客户也不会记得每次都使用他们的会员卡，这就意味着每位客户的"整体"消费状况都是不完整的。然而，事情还可以补救。真正优质的客户大部分时间还是记得使用他们的会员卡的。对于理解客户消费，这些数据已经够用。事实上，缺少一些数据并不意味着分析就做不了。当然，有的客户可能会因为信息不完整而被略微低估，但我们根据这些数据其实已经足以做出决策了。优秀的分析专家肯定明白这一点。

2. 足够干净的数据

优秀的分析专家都会关心的一个重要问题是，无论数据有多脏，或者多大程度上违背了假设条件，数据是否还足够干净。依靠这些数据我们能得到让人信服的结果吗？我们能通过这些尚可信赖的数据，得到可以使我们真正有所收益的结果吗？如果答案是肯定的，分析专家们肯定会奋力尝试。数据根本不需要过于完美，只要足以支撑我们进行决策就可以了。优秀的分析专家善于创造性地找到验证数据是否干净的方法。

作为一个广泛使用但错误很多的数据源，家庭人口统计已经有数十年历史了。一般来说，人口统计数据供应商都能获得准确的统计信息。但是，我们还是要假设在数据编辑过程中，会遇到家庭数据不准确的情况，但它们并不会妨碍数据的有效性。即使有些家庭的数据有问题，分析所得的粗粒度的模式和发展趋势也是可信的。即使数据不完美，使用这些数据对营销人员来说也是非常有用的。总是有创造性的办法来解决这些已经存在的偏差和问题。如果仅仅是因为数据错误而忽略数据，那许多有价值的分析都会不复存在。

优秀的分析专家会在企业环境中想方设法地让内部数据源产生商业价值。这取决于我们如何看待这件事情，我们可以认为瓶子里面装了半瓶水，也可以觉得瓶子里面空了半瓶水。正如第 1 章所述，这种观点对处理大数据也是适用的。大数据往往不够干净，经常会包含需要过滤掉的冗余信息。

8.4.3　商业头脑

优秀的分析专家既能理解他们使用的业务模型，也能理解如何才能有效地使用分析手段解决实际的业务问题。优秀的分析专家既能从业务角度看待重要的业务指标并分析产出，也能从技术角度看待这些指标，他们会花时间努力达到这样的认识高度。不管我们的商业头脑怎么样，我们都得有兴趣，并投入足够的关注和精力才能把分析工作做好。如果我们对理解业务本身根本没有任何兴趣和意愿，我们就不可能变成优秀的分析专家。

请注意，商业头脑和行业经验指的并不是同一件事。行业经验只是一组事实和知识的集合，商业头脑是一组软技能的集合。如果某个分析专家很有商业头脑，那么他在转行的时候一般不会有什么问题。就像前面 Mark 那样优秀的分析专家，他们可以把他们的商业头脑运用在其他场合和问题上。我们在面试分析专家的时候，要问清楚他们在以往的项目中是如何进行决策的。如果候选人有商业头脑，他们就会提到自己的一些真实的业务和技术思考。你们之间的讨论肯定会或多或少涉及对解决业务问题方面的考虑。没有商业头脑的分析专家会把精力主要放在技术需求和条件假设上面。

● 奇异的混合体

优秀的分析专家都是奇异的混合体。在工作中，他们有时会像 IT 人员那样做纯技术性的工作，而有时会像真正的商人那样动用商业头脑。跨界思考问题很困难，这也就是为什么成为一个优秀的分析专家会如此困难。

---

1. 适当的粒度

我们所说的商业头脑，其中一方面内容指的是怎样把分析结果和决策粒度联系起来。什么意思呢？比方说，现在有一位商人要求一名分析专家来提升某次市场营销活动的效果，他规定只要构造出来的模型比目前的方法好 2 个百分点，就算成功。这就是给分析专家设定的要跨越的标杆。他们要对自己有信心，相信自己的方法的效果至少要比当前的方法好 2 个百分点。

他们会在演示结果时说自己的模型比基准效果好 5.325 26 个百分点吗？应该不会。如果误差范围是加减 2 个百分点他们肯定不会这么说。如果误差范围是加减 2 个百分点，还有谁会在乎点估计是 5.325 26？这个时候百分位纯粹就是干扰位。我们要表达的关键点是，加减 2 个百分点，结果会在 5 个百分点上再提升一点；最坏情况也是 3 个百分点，这样模型才能肯定比 2 个百分点的基准效果要好。这就是所有商业人士关心的内容。优秀的分析专家不会让业务团队被更多的细节困扰，他们会采取能够让数据增值的做法。他们会用自己的商业头脑来判断需要提供哪些内容，以及如何定位分析结果。

另一个例子与需求预测有关。几年前，一家厂商曾宣称它的需求预测结果比竞争对手准确得多。这家厂商表示在一般情况下，使用者手头只需要额外预备 3 个单位，而竞争对手推荐需要预备 4 个单位。项目投资人听到这个当然很高兴，但问了一个问题后，他们就不再那么兴奋了。投资人问的是，他们的最小采购单位是 6，现在该怎样来判断两家厂商预测的有效性呢？最小采购单位是 6，任何粒度更细的措施都是徒劳的。如果分析专家有很好的商业头脑，并以正确的方式解决问题，就会提前把这些约束条件识别出来作为前期的铺垫。

2. 关注重要的事情

实际数据往往会违背前期的假设条件。例如，很多模型都会假设分布是正态的。从理论出发，我们要考虑这些假设条件会在何时被破坏。但从实际出发，如果两个变量之间有很强的作用关系，不管使用何种方法，这种作用关系都会以某种形式显现出来。这是不是说明在先前的假设被严重违背时，虽然我们选择的建模方法不同，但参数估计和影响预测却仍然是相同的？当然不是。但这并不意味着即使违背了先前的假设条件，并使用了不同的方法，起重要作用的因素就会被发现其重要性。如果粒度本身不需要过细，那粗略的做法就很好。

是否存在这种场景，使用线性回归法证明两个变量之间没有任何关系，但使用 U 型曲线却可以完美地阐释变量之间的关系，从而违背了原先的线性假设条件？确实存在这种场景。关键在于这不是不可能的，变量关系在多数情况下还是能以某种方式识别出来的。如果分析项目的甲方要的是二值决策，数据和模型只需要能准确地给出这种二值决策就可以了。优秀的分析专家知道何时要按照需求上调或者下调结果的精度。图 8-1 就是这样的一个例子，图中有些数据很明显违背了线性关系的假设条件。但是，如果我们需要的是理解两个变量之间共同变化的趋势，那回归直线就能有效地反映出这种关系的本质。

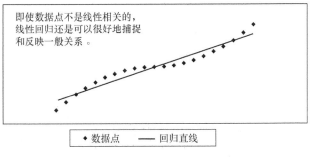

图 8-1   非线性关系的线性拟合

3．文化意识

使用发展中国家作为离岸人力资源是 IT 行业的大趋势之一。分析市场也多多少少受到了影响。我们现在并不是要从经济和道德的角度出发，进行离岸是好还是坏的政治意义上或哲学意义上的讨论。这些问题我们以后再讨论。在这里，我们想要讨论的是当下的离岸市场是否可以满足业务分析场景的全部需要。

编写本书之时，多数离岸人力外包公司关心的还是技术本身，以及怎样对团队进行技术培训。他们往往会重点强调，自己有 25 个会使用所有的统计软件包的统计学博士。只要你们提出问题，他们就能给出答案。我们已经讨论过，对于优秀的分析专家来说，技术只是基础。而且，如果分析专家没有见识过真正的业务环境，就很难培养出商业头脑。

如果分析问题本身清晰简明，离岸人力外包公司提供的候选人就能派上用场。但是，如果想要依靠离岸人力资源提供端到端的分析支持，这种想法肯定会碰壁。跨地域、跨时区、语言障碍这些情况都将成为问题。这些问题本身就很难处理。离岸人力外包公司与合作方之间存在着巨大的文化差异，更不用说离岸人力外包公司对合作方所在国家的思维和运作方式还缺乏经验和了解。

不管是谁来提供远程支持，都会有同样的风险存在。正如印度的分析专家如果没有见识过美国的业务环境就无法提供有意义的分析一样，如果美国人没见识过印度的业务环境，他们也很难提供有意义的业务分析。

一位同事曾经告诉过我一个很棒的故事，故事内容讲的是一家食品行业的公司招聘离岸团队为宠物食品进行分析。故事开始之前，请想象一下那种罐装狗粮和袋装狗粮，有些上面还印有幸福的小狗。拿到分析结果后，从分析文档啰唆的行文风格和分析专家的口头演讲中，可以清楚地看到，分析专家完全不理解什么是宠物食品。分析结果跟宠物食品根本毫无关系，讲的全是罐装狗肉！你想知道后续的情况吗？分析团队的结果是包装上印制的幸福小狗对罐头里的狗粮根本不会有任何兴趣。相反，幸福的小狗还被放到罐头里被当成了人们的晚餐！

角色互换会很容易出现类似的问题。如果完全不熟悉业务运营环境和文化，就很难拥有正确的商业头脑。我们是否可以依靠离岸的人力资源呢？如果使用得当，还是可以的。但我们不能只是简单地把业务分析问题丢出去，然后就等着纯技术背景的离岸团队自己设定分析策略，解释分析结果，然后填鸭式地告诉我们他们的分析成果。我们需要真正优秀的、有商业头脑的本地分析专家来指导整个分析流程，这样才能确保项目最终成功交付。

8.4.4　演讲能力与沟通技巧

演讲能力与沟通技巧对很多工作都是非常重要的，对分析专家来说也是如此。不管分析专家自己多么擅长分析，如果他们干的不是大学毕业生就能干的活儿，别人对他们的要求就会很高，他们既需要得出强有力的分析结果，又需要能把分析结果用吸引眼球的简洁故事讲出来。优秀的分析专家能够牢牢地吸引住不懂技术的人，用他们懂得的语言来描述分析结果，使他们对分析结果感到无比兴奋。优秀的分析专家会讲一个动听的故事，而不是简单地重复统计数字和事实。

分析专家不会面对业务听众大讲特讲共线性分析、模型统计数据汇总和其他一些深入的技术细节。他们会说，"这是我们所发现的，这是它们为什么很重要的原因，这是您应当以此作为结论的依据。"此外，分析专家还会与业务人员进行讨论，告诉他们采取何种措施可以获利。产品销售额会提升吗？利润空间会扩大吗？说到底，业务人员关心的还是分析结果能够怎样帮助到他们，而不是技术本身。

分析专家应该用一种简短的、一针见血的方式来沟通分析结果。不管他们采用的是幻灯片还是书面文档，都需要掌握大量书面交流的技巧。而无论是正式演讲，还是办公室中简单的临时讨论，分析专家都需要掌握很多口头沟通和演讲的技巧。

试驾

评判一名分析专家的演讲能力和沟通技巧最行之有效的方法是，让他们在面试阶段进行演讲。这样我们就能看清楚这个人，分辨他们有没有成为优秀分析专家的潜质。

并非每一位分析专家都能站在大庭广众下，或者站在执行委员会会议上还可以表现得泰然自若。至少他们在刚工作的时候做不到这一点。但是，每一位优秀的分析专家都需要能在办公室或会议室里，站在项目投资方和他们的老板面前，侃侃而谈。评判一名分析专家的演讲能力和沟通技巧最行之有效的方法是，让他们在面试阶段进行演讲。我们既可以给他们安排一个泛泛的题目，也可以让他们自主选择题目。这样就能看到他们的做法和在压力面前的承受能力。面试候选人的沟通技能将会在几分钟内一览无余。

1. 结果并不是成功最重要的部分

你肯定对这句话感到吃惊。但是，判断一个分析项目是否成功的标准并不只取决于分析结果的质量。理想情况可能确实如此，但现实情况并非如此。首先，积极地将分析结果弄得更准确是很重要的。每一位分析专家确保每次的分析结果正确无误是非常重要的。但是，站在分析项目投资方的角度看，分析结果本身对于判断项目是否成功最多占了 50%。那还有什么事儿同样重要呢？

剩余的 50% 就体现在分析专家的演讲能力和将结果文档化的能力上。他们能有效地定位分析结果吗？分析专家能否用吸引听众的方式陈述结果，并让听众放心地采取行动？我认为这一点再怎么强调也不为过。无论分析方法本身有多么吸引人，优秀的分析专家也不应该只关心分析方法本身。他们应该留出时间来想如何才能正确地解释、定位结果，并将分析结果更好地兜售给分析的投资方。

 傻瓜，这就是交付!

冗长复杂的分析结果需要提炼成可以消化吸收的观点。而分析专家想要具备这样的能力，需要不断实践、辛勤工作。分析专家经常会觉得自己把事情淡化了。虽然要有细节和对分析结果的辩护，但不应该一开始就陷入细节中。如果讨论过细，业务团队成员的眼神就会变得茫然，他们的注意力也会开始变得分散，这样，他们最终就不会采纳我们的分析结果。优秀的分析专家会让投资方一直充满兴趣。

业务团队才不会关心你已经辛苦了 10 个星期，也不会关心具体的技术细节，他们只关心结果。分析专家必须清晰有效地传达结果，否则结果就会被无视。好的结果是项目成功的必要条件，但却不是充分条件。优秀的分析专家会理解这一点，会适当地关注交付过程。

2. 广告业给我们上的一堂课

分析专家总是喜欢不断地衡量来衡量去。他们喜欢以检验结果是否奏效的方式来进行工作。在直销市场中，这是正确的做法。分析专家还会运行一个模型，并生成一份人员名单，然后再发电子邮件，打电话，或者用其他方式进行联系。分析后台可以准确地告诉我们业务的提升度。如果方法奏效，我们就可以着手干更多类似的事情。如果方法无效，团队会停下来转投其他方向。

许多公司的预算大头都花在了电视、广播、报纸等大众传媒渠道上。这些媒体确实能产生影响。但是，要想非常准确地弄清楚这些媒体究竟能产生多大的影响基本上是不可能的，评估广告产生的影响是很不容易的。尝试评估电视、广播、印刷品营销能够产生多大市场提升度的方法学也是不靠谱的。更低层次采用的方法，例如店面级别的，也好不了多少。广告仍然无处不在，虽然也有一些选择是可以衡量效果的，但公司的预算还是没有转投那些地方，这是为什么？

其中一个原因是，直销市场在谈论使得更好的精准营销能够成为现实的业务分析，没有什么会比听到这些内容更让人兴奋了。直销分析可以用统计方法识别出哪些人最有可能会响应，然后企业就能找到他们，并卖出更多的产品。当然了，销售驱动使得顾客眼前一亮，但实际上没有什么激动人心的故事情节。

广告公司是怎样制订计划的？它们运用多媒体演示效果，和着动听的音乐和动感的视频，说着时下流行的广告语。它们会让听众对他们的计划满怀信心，立即签约。即使这种营销效果在后台不能清楚地计算出来也没有关系，因为听众已经被广告公司带入一场视觉享受的盛宴中了。

我们不能指责广告公司（发那些垃圾信件），相反，我们还要赞扬它们。广告并不像其他活动那样可以衡量效果，但是广告还是要消耗掉公司很大一笔开支。部分原因是因为广告行业有能力吸引投资方的注意力。广告公司能够完全地理解和利用沟通能力与演示技巧。如果想要成为优秀的分析专家，我们可以从广告公司的身上学到很多东西。试想一下，如果活动效果可以准确衡量，再配以有效的分析，以及广告活动在商业活动中注入的兴奋度，这样的项目该有多牛。

8.4.5　直觉

直觉是最难定义的特质了。如果看不到他们的行为，很难判断一个人的直觉怎么样。我们说的直觉，就是分析专家对下一步要做什么的感觉。遇到障碍时，分析专家会坐下来冷静地分析，他们会找出可以采取的 A、B、C、D 四种措施。他们的选择有多准确？他们是不是有很好的直觉，可以使这些方向逐步实现？他们的选择是不是大多情况下都成功了？在最后制订出计划前，他们是不是已经被各种选择搞得手忙脚乱？优秀的分析专家会用一种不可思议的能力选择一条好的道路。

我推荐你们读一读这本书，Daniel H. Pink（Riverhead Trade，2006）的《A Whole New Mind》。这本书总结了一些非常有趣的观点，从技术如何帮助人们在该领域获得成功，到我们之前所谈到的多种特质。Pink 的书从更广泛的角度讨论了我们刚才讨论过的一些主题。

从许多方面来讲，直觉都是一种与生俱来的技能。但直觉还是可以调整和培养的。最终，直觉融合了以往类似问题的解决方法与经验。直觉是以这些方法和经验作为基础的，保持足够明智的态度，弄清楚何时可以再次应用以往的经验，何时可以做适当的调整以适应新的情况。

好的直觉是成为优秀分析专家的决定性因素，但我们在面试的时候很难判断出一个人的直觉。一些我们认为可以使用的标准可能并不是人力资源的评判标准，因为这些标准太过于主观。经过一段时日，根据分析专家们的表现和处理问题的方法，我们自然就能看出来他们究竟是不是有好的直觉。

是艺术还是科学

本章要表达的一个主题是，分析不只是科学，还是一门艺术。优秀的分析是可靠的科学加上艺术的神来之笔。分析的艺术在于弄清楚如何处理非常规的问题，如何组织一场激动人心的演讲，如何用最好的方式来解释我们的分析成果。优秀的分析专家必须既有科学素养，又有艺术细胞，他们不但是科学家还是艺术家！

聚类分析是一种模型分群算法，下面我们来看一个聚类分析的例子。还没有哪种简单的并被大家广泛认可的度量方法，可以像聚类分析这样方便地找出正确的答案。分群建模方法真的是一门艺术。经常使用分群模型的分析专家都有自己的搜索原则。比如我使用这种模型的时候就有自己的操作流程。我知道自己要往哪儿去，我要找的是哪种模式。但是，我很难给别人讲清楚这一点。同样，其他人也无法向我解释清楚他们的方法。每个分析专家都有自己进行分群模型分析方法，这些方法对于他们来说就是艺术。

信任对于分析专家的工作至关重要，这个观点正在逐渐被人们所接受。面对需要很多艺术处理的分析数据，信任就变得更加重要了。如果没有什么指标可以清楚地告诉我们要做何选择，业务投资方就必须得相信分析专家的直觉，相信他们的艺术处理方法。获得这种程度的信任需要跨越相当大的一步，需要很长时间才能建立起这种信任关系。优秀的分析专家会花时间来建立这种信任，他们愿意成为业务伙伴可以信赖的顾问。

● **以艺术家身份出现的分析专家**

不同的画家面对同一处风景，他们可以使用完全不同的技法但都画出了引人入胜的作品。不同的分析专家也可以使用完全不同的方法来做分析，这就是分析本身的艺术性。有些算法本身没有多少艺术处理的余地，但保持艺术的态度肯定可以更好地支撑决策、定义问题、设计分析方法，以及根据手头数据得到解决方案。优秀的分析专家既是艺术家又是科学家。

最近，分析圈子里面最火的话题是公司中数据科学家所扮演的角色。正如本章之前讲述的那样，数据科学家做的事情与高级分析专家做的事情本质上并没有太多不同。传统意义上的分析专家如果想要变成数据科学家，需要掌握类似MapReduce 的这类工具，但学习新工具对于分析专家来说并不算是新事物。数据科学家的工具箱里有新的工具吗？答案是肯定的。他们会有完全不同的分析意图吗？答案是否定的。

和数据科学家这个概念同样重要的是，我们要把分析专家看成是使用数据的艺术家。他们是要深入挖掘公司数据的人，他们也要用优雅的有吸引力的方法来创造性地利用数据解决问题。就像画家可以挥洒颜料作画来装饰墙面一样，数据艺术家们也可以把数据变成业务问题的解决方案。

优秀的分析专家既是艺术家又是科学家。同时拥有两种本领，当然比只拥护有一种技能要强。如果你怀疑这种说法，问问你认识的那些优秀的分析专家，他们的技能和兴趣是什么。你会惊讶地发现他们还有音乐、美术和其他需要创造力的领域的才能，而我们以前并不知道他们还有这些才能。

8.5 分析认证有意义吗，还是干扰视听的噪音

近来关于开发分析专家认证项目的讨论多了起来。这类认证从概念上讲和注册会计师认证（CPA）以及理财规划师认证（CFP）没有什么不同。分析专家这种职业有必要发起认证项目，好让用人单位可以评估哪些人满足了最低用人门槛吗？

我曾经读到过有一些组织想要开发这类认证项目，也参与讨论过一些很酷的想法。最大的挑战在于要确切地弄清楚需要测试的内容。如若想要识别优秀的分析专家，我们前面已经很细致地讲过，技术敏感度很容易测试，但单纯参考关于技术的评价就是一种赌注。判断一个人是否会写程序或者能够理解线性回归方法

背后的假设，这些并不困难。但是，创造力要怎么测试？直觉要怎么测试？商业头脑要怎么测试？演讲能力和沟通技巧要怎么测试？分析场景下的这些特质要怎么测试？这些方面要困难得多。

让分析专家展示他们有能力也有意愿通过类似的考试，当然也不错。问题是任何从成本和有效性方面制订的认证都会主要侧重于对技术能力的考察。虽然这类考试会变成赌注筹码，但至少能证明一个人是否有技术能力，以及是否有足够的意愿去考取认证证书。但我们在这些技术能力的基础上，还得弄清楚他们是否还具备了我们所需要的其他能力，例如创造力。以这种方式来考虑问题，认证项目就是好事情。如果只是作为一种指标或者标准，认证项目将无法满足我们的需要。

分析圈子将会广泛采用认证项目吗？如果制订认证项目的各类机构都能给市场带来一些新鲜气息，久而久之肯定会有一两个赢家冒出来。但是，不管考试本身组织得有多好，用人单位也不应该单纯参考技术认证来进行招聘。根据我先前关于工作需求清单的讨论，用人单位甚至并不想用认证作为强制性要求。但只要认证考试运用得当，它们还是有价值的。

说到这里，谁是优秀的分析专家应该很明白了。他们"拥有"数据，他们知道如何使用这些数据，他们也知道如何组织这些数据，他们还能发现数据中的模式。优秀的分析专家能够"解决"业务问题，他们了解业务人员需求的重要性，也了解为什么需要解决这些问题，他们了解现实约束，了解如何解答业务人员提出的问题。优秀的分析专家"了解"如何正确地描述问题，收入重要，还是利润重要？问题真正的关键点在哪里，为什么要这么说？分析应该怎样设计？最后，优秀的分析专家"知道"不能只把自己当成科学家，业内最好的分析专家毫无疑问也是艺术家！

8.6 本章小结

以下是本章的重点内容。

- 我们在招聘分析专家时，要以技术和教育背景作为起点，而不是最终要评判标准。

- 我们要招聘不同行业背景的分析专家，要借鉴其他行业的游戏规则。

- 评判优秀的分析专家时，承诺、创造力、商业头脑、演讲能力与沟通技巧、直觉都是关键因素，但这些因素往往会被人们认为并不重要。

- 只有一小部分具备技术能力的人，能够具备前面描述的那些非技术要素。

- 优秀的分析专家关心的是如何完善业务，而非使之完美。知道分析结果何时已经足以支撑业务决策是非常重要的，然后着手解决下一个问题。

- 优秀的分析专家会把所需的数据准确度和决策粒度完美地结合起来。不完美的数据仍然可以有效地回答许多问题。

- 如今的离岸分析太过关注技术技能。我们要需要那些优秀的本地分析专家一起协同工作才行。

- 虽然说得到可靠的结果很重要，但项目成败至少有 50%的因素取决于分析专家的演讲，以及他们如何把分析结果传达给不懂技术的项目投资方。

- 很多机构都在开发分析认证项目。时间会告诉我们认证项目会不会被市场接受，认证只是评估候选人的起点。

- 最优秀的分析专家不仅是掌握数据的科学家还是数据处理的艺术家，这一点足以让很多人惊讶。不要低估艺术才华对于优秀分析专家的重要程度。

第 9 章

如何打造优秀的分析团队

如何组建分析团队，许多机构对此都痛苦不已。与人力资源部或财务部不同，分析专家在公司内的定位，以及他们的工作范围都没有定式。我们在本书中所说的分析，指的是预测建模、数据挖掘以及其他一些高级分析工作，而不是像定制报表和电子表格这样程式化的工作。我们所说的分析专家，指的就是处理这些事务的人。许多公司里都有各种分析专家，他们在为不同的部门工作，他们解决问题的环境，使用的方法，甚至需要参加的各类培训都有很大的不同。

其他领域并不总是这么复杂。一般来说，人力资源部是公司中一个集中式的部门。即使人力资源部的职员要为不同的业务部门做招聘，其对招聘人员的工作职责描述与未来他们所做的工作还是高度一致的。但在分析领域并不是这样，例如，运营支撑部门和采购部门对分析的要求就很不一样，风险团队关注的事情和市场营销部门关心的事情也很不一样。

这样就出现了一些问题。我们应该怎样组建分析团队？分析团队要怎样才能融入公司的大环境中？要想获得最大程度的成功，我们应该怎样合理地配置资源？在组建团队之前，我们要把这些事情弄得多明白？本章要讲的内容是，不管分析团队在公司里的什么地方，都将会面临的挑战。如果要组建可以驾驭大数据的、优秀的分析团队，我们必须要战胜这些挑战。下面我们来更深入地探讨这一点。

9.1 各个行业并非生而平等

一些行业的分析是嵌入在决策流程中的，包括银行业、金融业和物流业等。

这些行业的公司往往有许多分析专家，例如，风险管理领域就是由分析驱动的。我们在邮箱里收到的所有信用卡名单都是通过分析计算出来的。在你的信用卡开卡申请寄到我们的邮箱之前，关于你的数据就已经被详细地分析过了，而且我们认为你的申请风险很小。哪怕是在小型区域性银行，我们也会发现那里有一群分析员。信用卡优惠领域需要强有力的分析，没有哪家公司敢不经过分析就采取行动。如果我们能更准确地挑选出哪些客户不会拖欠信用卡账单，那整个公司的实力将会因此得到提升。

还有一些行业是混合型的。在这些行业中，有的公司分析搞得不错，而有的公司根本没有任何分析。零售业和制造业就是这样的例子。有的制造商精于分析之道，而有的制造商因为本身是区域性的，连做个电子表格报表分析都很困难。这些制造商要是能多开展一些分析活动，那该多好？

● 了解你的行业所处的位置

有好消息，也有坏消息。如果我们的行业重金投入分析，那行业中应该有大量的、拥有该行业经验的分析专家可供我们选择。然而，你的公司需要努力跟上行业领头羊的步伐。如果你所处的行业对分析没有那么重视，那你应该庆幸自己有机会可以挺立潮头。遗憾的是，这时我们不会有太多可以借鉴的成功经验。

许多美国知名的零售连锁商店过去会把相同尺码组合的成衣配送给所有的店面。你注意过吗，许多商店一直都没有你能穿的尺码，但你穿不上的尺码却有一大堆摆在那里？很多零售商还没有尝试过把商店的库存和当地的客户需求匹配起来。商店的尺码采购组合可能没有问题，但由于店面的位置不同，购买者距离商店的远近程度不同，以及商店中商铺的不同，都会影响消费者选购的尺码。尺码分析就是确定每家商店的正确尺码组合的过程，通常用来确定上衣和裤子的尺码组合比例。一些店面需要更多大尺码，另一些商店需要更多小尺码。很多零售商在尺码方面都非常精明，但仍有不少零售商摸不着头脑。

即使在使用分析的公司里，各个部门的情况也不一样。某家公司可能会熟稔某些业务领域，但对其他领域根本不熟悉。某家电信公司可能在防止客户流失（客户转投竞争对手）的营销上做得非常好，但却不擅长建立产品定价影响的预测模型。

要让优秀的分析团队运转起来，我们要面对诸多挑战。如果团队已经存在，随着团队持续不断地增长，挑战也会不断地增加。不管一个行业处在什么位置，挑战依然存在并且持续增加。我们假定本书的读者都是想帮助公司做更多、更好分析的人，并且希望帮助公司驾驭大数据浪潮。如果是这样，那就少不了一支优秀的分析团队。

9.2 行动起来

我们不能因为想不清楚从何处入手就踌躇不前。那是最糟糕的事情，因为这样会浪费时间，拖延进度，以及延迟产生效益。如果我们能够招聘到第 8 章中所讲的合适人选，就可以在他们的帮助之下，弄清楚如何才能成功地组建团队，并使工作效率更高。我们要让正确的人来做正确的事。做到了这一点，组织架构调整就只是时间上的问题。

就在几年前，我曾经工作过的一家公司找到我们，说它想进入分析领域。我们曾经帮助这家公司创建了它的第一套营销模式。一段时间以后，我们还帮助这家公司完善了它的促销和营销评价技术。这是一次非常成功的合作。接下来的几年，这家公司请我们做的事情也越来越多。

我们所做的这些分析活动让这家公司的业务大为改观。公司员工利用分析结果可以识别出他们过去错误估计的客户群体分类，以及含有不恰当的信息的市场活动。然后，他们解决了这些问题。现在面对促销效果，他们可以形成统一的观点，而不是像以前那样，有几个部门就有几种观点。观点统一以后，为向哪些地方投资和做哪些事情达成一致意见也就容易多了。我们再也听不到财务部门和营销部门的争吵声了。通过在大量的运营支撑报表和分析中加入客户经营指标，该公司更容易实现比以往更加关注客户业务的视图。

几年之后，这个客户开始扩张自己的全职分析团队，并做出承诺，会长期、持续地在分析领域投资。虽然我们曾经帮助他们获得了初期收益，并证实了分析的价值，但相信如果他们做出承诺的时间更早一些，他们就会以更快的脚步实现更多的收益。他们前期由于过分担心从哪里入手，将整个进程拖延了相当长的时间，结果没有实现他们原本能够获得的收益。

9.3 人才紧缩

在我们要组建和发展分析团队时，你会总是感觉找不到足够多的优秀人才。公司发展需要找到一些第 8 章中所讲的优秀的、可以改变游戏规则的分析专家，但这样的人才凤毛麟角。虽然很多领域都缺乏足够多的优秀人才，但这种现象在分析领域更多。部分原因是因为由于以下两件事情。原因之一是对分析专家的需求增长得太快。书籍、文章、博客都在讨论这种高速增长的需求，而且需求几乎无处不在（我这本书也位列其中）。原因之二是从教育体制里培养的分析人才数量一直都相当少。高等教育体制正在花时间进行适应和调整，扩大规模培养更多的分析型人才。

本书撰写之时，尽管美国的经济形势很不理想，但是要想找到合适的分析人才，我们必须和其他公司竞争并取得成功才行。想要招聘到优秀的分析专家，仅仅提供比以往更高的薪水或更好的福利待遇已经不足以吸引他们了（尽管这些事情也很重要）。我们需要保证分析专家手头有挑战性的课题，还要坚定不移地支持他们。分析专家到岗后，不管他们的薪水是多少，如果他们意识到投资方对会产生影响的分析内容不够重视，他们就会辞职。分析专家肯定和其他人一样，也喜欢高薪，但他们也和其他人一样想得到认可，产生影响，并有机会提升他们的技能。

● 保持谦虚的态度

经济形势不好往往会让人们想当然地认为每个人都很渴望工作。市场对分析型人才的需求导致他们对工作没有那么渴望。如果我们也想当然地这么认为，以为他们可以随意安置，我们将留不住这些人才。经济下行时，为了留住新员工而给他们涨薪会很困难。但是，如果我们想留住合适的人，那加薪只是很低的成本，而收益却会很大。

即使是在 2009 年至 2011 年这样不好的年景，分析专家也能找到前面所说的职位。HR 一如既往地四处张贴用人需求，圈里的朋友也在一直讨论他们听说的新工作职位。在 20 世纪经济最差的时候，企业依然有对分析专家的需求，分析专家仍然能看到招聘信息，负责招聘的 HR 也会不断地联系他们。经济不好，公司政策可能是缩减薪水开支，不会任由分析专家讨价还价。你需要接受这个事实，同样还要说服 HR 部门，要想招聘到合适的分析人才，就得适当放宽条件。接下来的几年内，需求会更加旺盛，直到有大数据经验和技术的分析专家变多为止。想想有多少新的大数据源，又有多少用来处理大数据的新工具，我们就应该知道要找到具备这些技能的人才会有多难。

9.4　团队组织结构

分析人员要怎样分配，才能使有分析需求的各个事业部既能得到他们想要的东西，还能在企业层面保持一致？Tom Davenport 和 Jeanne Harris[1]等人已经讨论过这个问题了。下面我将会讨论主流的组织结构类型，以及各种类型适用的时间、工作方式等。请注意，类似的架构也可以在公司内部其他团队中使用，但我们关心的还是如何应用到分析部门中。主流组织架构有 3 类：分布式、集中式和混合式。对于某个特定的组织，要确定哪个才是最佳选择是很困难的。

就在最近，一家娱乐行业的公司决定要组建分析团队。这家公司有许多以独立运营实体运作的部门。因为很多部门都是收购来的，这些部门被特意保持独立，因为它们的工作类型、风格和文化都不尽相同。

其中一个部门决定深入研究预测分析。就在该部门决定开始的时候，上级部门出现了一个问题。虽然上级部门认为他们研究预测分析是很棒的事情，但其他下级部门却根本没有任何兴趣。问题在于：上级部门是不是应该放手让该部门做这件事，然后要求其他部门也采用相同的方法？第一个部门选择的方法是否适用于其他部门？另外，分析团队能否提供详尽的计划，可以让这个部门成为第一个使用的部门？其他部门后续将可以使用经过一段时间已经成形的"官方"流程。

这些问题没有简单的答案。我们可以放手让某个部门先开始干，并取得一些小的进展。如果其他部门也有需求，这时公司可以再另行调整已经开发好的流程。也可以从整个公司的层面，先铺垫好公共事务。究竟哪种选择更合适，要视公司

---

[1]　Tom Davenport 和 Jeanne Harris, *Organizing Analysts*，国际分析协会，网络研讨会内容纲要，2009 年 6 月 23 日。

文化和公司更适应哪种组织结构而定。上述示例讲到的那家公司的做法是取中庸之道：让下面那个部门来领导，但上级部门同时也要参与到研究过程中。

9.4.1 分布式组织结构

在分布式结构的组织中，分析人员要通过特定的职能部门向上汇报工作。分析团队要向它所支持的组织汇报工作。在这种模型中，制作运营分析报表的分析专家要通过运营团队，向首席运营官（COO）汇报工作。营销分析专家通过营销团队，向首席营销官（CMO）汇报工作。风险分析专家向风险管理团队汇报工作，等等。

这种配置方案的优点是能够准确地把分析专家放在需要他们的地方。他们可以沉浸在要解决的问题当中，与其提供业务支持的商务人士待在一起。公司初期往往愿意采用这种模型，因为肯定会有部门第一个开始分析工作。这时，打头阵的业务部门肯定会首先招聘分析专家，自然而然地，招聘到的人员要向本部门汇报工作。这也就是我们几乎总是从这种分布式的、关注职能的组织结构开始的原因。刚开始，分布式模型很简单，小型分析团队只需要向一个业务部门汇报工作。

分布式模型的一个缺点是分析人员最后会遍布在公司的各个地方。虽然他们的技能和背景很相似，但却并不属于同一个部门。他们之间可能根本没有任何正式的，或者临时的联络，每一支分析团队都只隶属于自己的职能部门。长期来看，这并不是理想的解决方案。比如说，遇到紧急情况，一个团队会向另外一个团队借人救火，即使后者这时自己也已经在超负荷运转了。

分布式结构的团队有一个潜在的问题，分析人员普遍缺少职业晋升通道。譬如说一个公司有 5 个事业部，每个事业部里有三四名分析人员。在每个事业部里，并不会有很多机会可以让这三四名分析人员升职。他们顶多可以升职到管理三四个人而已。即使这样，还是因为目前的老大离职造成的。这肯定不是一种吸引人的职业发展道路。

在这个例子中，该公司有 20 名分析人员。他们每一个人都没有太多的职业流动性，大部分人也没有机会和部门外的分析人员接触。结果是，这种纯分布式的结构顶多可以充当分析组织刚启动时的一种中短期解决方案。长期来看，组织结构还是会演化成一种集中式的或混合式的模型。

我们并不是说长期来看分布式结构的团队就一无是处。譬如说在航空公司中，一支分析团队关注营收管理，而另一支团队关注客户营销管理。两支团队所需要的分析类型、分析工具和分析技能都有很大的不同，我们很难把他们组合到一起。如果是这种情况，采取分布式结构的团队就没有错。但是，我们还得定期审视组织结构类型，确保我们不需要做出结构调整。

9.4.2 集中式组织结构

在纯粹的集中式组织结构中，组织结构图上只会有一支分析团队存在。这支团队会支撑所有的业务部门和他们的分析需求。集中式团队的挑战之一是要决定把分析团队放在哪个地方。有的集中式分析团队要向首席财务官（CFO）汇报工作，有的集中式分析团队要向 COO 汇报工作，还有的要向首席信息官（CIO）汇报工作。集中式分析团队放在哪里，并没有定论，许多公司的做法都不相同。

集中式团队的一个优势是可以按需分配人力资源。在下面这个例子中，公司运营团队有 3 名分析人员，而营销团队也有 3 名分析人员。运营是个缓慢的过程，一般情况下不会有太多分析工作要做，也不会有太多的预算。但是营销的分析工作量就很大，经常要启动新项目。在一个纯粹的分布式结构中，运营分析团队的员工不能转过来帮助营销团队。在集中式结构中，管理全体分析人员的经理可以很方便地调配人员。长期来看，集中式结构有助于减缓需求变化的风险。

集中式组织结构的另一个优势是可以给分析人才提供机会获得跨部门的经验，可以接触到多种类型的分析。优秀的分析专家如果 10 年都做同样的事情肯定会备感厌倦。但是，如果说 10 年内可以接触到不同的业务部门，学习很多新方法，遇到许多新同事，这种体验就会相当赞。集中式配置对分析专家来说是一种挑战，可以提升他们的技能。这时这种配置对于分析专家和公司来讲是双赢。

集中，但是专注

即使公司决心全面采用集中式分析团队组织结构，资源分配还是得重点放在某些事业部上。如果配合业务部门工作的分析专家能够保持稳定状态，那将有助于分析专家更好地从事分析工作，他们会觉得越来越舒服。如果业务部门与分析专家之间能够保持一种稳定的关系，那就会产生不可忽视的价值。

集中式团队的缺点是，最后会造就一批通才，却没有人可以深入到特定的领域。经过一段时间，不同的分析专家在一个项目中跳进跳出，这将对业务部门造成破坏。出于这个原因，即使是全集中式的团队也会安排特定的员工来专门协助特定的事业部。分析专家可以正式地向集中组织汇报工作，但实际上他们人是待在被指定的事业部的。从日常工作的角度来看，这些分析专家或多或少都会被看成该团队的一部分。

集中式分析团队因为要向业务部门提供服务，而经常被原部门责难要求成本回摊。有时他们还会被看成是公司的负担。如果团队被问责要求成本回摊，我们可以说我们安排了合适的人员来做真正重要的事情，站在这样的角度来看问题可能会更容易一些。业务部门要清楚自己的工作重点。如果要求某个业务部门替分析项目出资，我们就更难获得创新性和探索性的分析。理想的做法是在公司层面拨出一定的预算来开展新的和创新性的项目，而不是由业务部门独立出资。使用这样的预算来驾驭大数据是一个很好的目标。前期由公司出资，后期一旦大数据分析的价值显现出来，则可以由业务部门继续出资。

不要低估组织结构规划的重要性，通过合理的规划，我们就能得到创新性的分析。要求某些业务部门动用原本紧张的预算来全面资助创新性工作是一种滥用职权的做法。新的分析项目应该在更高级别上被投资和支持，并且应该被看成是公司的一项战略性投资。

9.4.3 混合式组织结构

混合式组织结构意如其名。在混合式组织结构中，既有集中式团队，在某些业务部门中又有专职团队。这种组织结构类型的出现可能有多种原因。如果某个业务部门一直领导着分析项目，通常会导致混合式结构团队的出现。那个业务部门可能已经组建了一支可靠的分析团队，不愿意放弃对团队的控制权。同时，其他部门也开始要加强他们的分析工作。为了给其他业务部门提供支持，就组成了一个集中式的团队，但是最初组建的分析团队还会待在原业务部门。

在另一种常见的混合型团队模型中，存在一个核心团队，通常称作卓越中心（Center of Excellence，COE）或者专业中心（Center of Expertise，COE），COE的分析专家要负责维护企业整体视图。虽然大多数分析人员都在业务部门里，但是还需要一个中间人，负责保证业务部门之间使用的方法和工具一致。COE 团队关心的是如何从业务部门分析团队的成功中获得经验与知识。集中式分析团队与业务部门分析团队之间既可以是直接的/正式的也可以是间接的/非正式的业务汇报关系，这要视公司环境而定。

● 不要纠结于组织结构，我们要关注的是人本身

我们要强调的是，最重要的并非组织结构，而是要让正确的人出于正确的原因执行正确的分析。同样重要的是，要创造一种公司环境，并营造一种企业文化，以便招聘、培养和留住合适的分析人才。

9.5 持续更新团队技能

分析团队和其他团队一样，也有不同级别的成员，不同成员的技能和职责可能完全不同。有一两名资深的高级管理人员，也有一批刚从学校毕业的毛头小伙子。团队刚开始组建时，关心的是可以立竿见影解决手头问题的急需技能。这时候队伍没有那么大，还不能较好地完成这些工作。

但随着团队的扩张，我们就需要特意地引进不同的分析人才。可能公司最初找到的人有很深厚的数据挖掘背景。团队壮大以后，我们需要有很强优化背景或者预测分析背景的人。随着各种分析背景的分析专家就位，他们为我们提供的业务增值机会将越来越多。此外，随着团队的不断成长，我们还可以建立不同的职业发展路径。一开始招聘到的员工都是相当有经验的，因为他们必须靠自己，几乎无法从别人那里获得什么指导。随着团队变得越来越大，我们可以招聘一些经验较少的人，慢慢来培养。

9.5.1 矩阵式方法

一种可以让分析专家保持敏锐技能的方法是采用所谓的"矩阵式"方法。这是一种非层级化的团队运作方式，其运作方式如下，对于给定的项目，要先指定所谓的分析组长。分析组长有几项关键职责。第一，要负责项目管理。幸运的是，多数分析项目的管理工作并不可怕，组长要把握管理的工作量。第二，组长要为项目方向负责，制定分析计划，保证团队可以按时交付项目。第三，也是最重要的一点，组长是分析结果的总负责人，要负责解释，负责给出建议，负责编纂各

种所需的交付结果。领导项目的分析组长通常负责管理一名或多名分析专家。分析专家们在组长的领导下，开展日常的项目工作。

我们的组织并非一定得有一个顶着分析组长头衔的人待在项目上。这是因为项目组长本身并非是一种头衔或职级，它是由于项目的需要而自然产生的。比方说一个团队有两名分析专家，分别是 Bob 和 Sue。A 项目 Sue 是组长，Bob 是手下。B 项目，Bob 是组长，Sue 是手下。每个项目的组长安排要根据谁最适合来确定，如果项目的重点是面向预测分析的，那么熟悉预测分析问题的人就应该担任组长。

● 进入矩阵！

矩阵式方法是一种非常棒的管理分析团队的方法，可以提高生产率，形成团队凝聚力，并使分析专家不断有被挑战的感觉。矩阵法可以使关注点放在交付结果而非头衔和职位上，在这种文化下，人们更容易获得成功，每个人关心的都是如何找到正确的答案，而不是关心到底是谁找到的答案。

当然，经过一段时间，最强的和最资深的分析专家将有更多的机会成为组长。同样地，新来的和弱一些的分析人员会更多地作为团队成员。但是，这种做法并非只是纯粹地论资排辈，矩阵模式巧妙地进行了融合。这就是使用矩阵式方法来运作分析团队的原因。矩阵式组织结构中，能力不同的分析人员待在一起工作，但团队的紧密程度和凝聚力会让你感到惊讶。小我的感觉会被较好地抑制，因为所有的团队成员都将时不时地在同事的领导下工作。团队会达到真正的互相信任，会了解团队成员彼此的实力。他们还会积极地学习他人的优点，请看下面的交叉培训。

交叉培训

不管分析团队的组织结构如何，最重要的事是确保分析专家之间能够交叉培训。如果有人是编程大牛，那他就要时常为大家倾情撰写编程技巧指南，或者一对一地辅导，甚至还可以开一个短期学习班。这样，团队就会一直保持增长势头和被挑战的感觉。最好的方法是让他们进入自己根本不了解的分析领域，并和同事一起做项目。这样，分享知识的分析专家和作为学生的分析人员都会有所收获。

9.5.2　管理人员不能眼高手低

分析管理人员和主管也要亲自参与分析，以保持他们的技能水平。不管从事何种工作，人们都讨厌那种"假大空"，虽然职位高高在上，却并不了解如何做事的人。有时候，这些人以前确实了解很多东西，但随着时间流逝，他们逐渐丧失了那些技能。无论如何，这种人都会被认定为眼下做不了太多事儿的人。他们只会说，不会做。

与普通人相比，分析专家对这些事情更敏感。许多技术领域都存在相同的问题。面对只说不做的领导，技术人员不会尊重他们，他们只会透过别人的肩膀，告诉别人要做什么，对别人的工作品头论足。如果分析专家感觉管理人员只会谈论分析的事情，而不会亲自操刀做分析，那几乎可以肯定管理人员将无法得到分析专家的尊重。但我们并不是说，如果管理人员在每个领域都不像团队成员那么精通，他就做不了管理者。关键在于我们要认识到自己的不足，相信团队可以比自己研究得更深入。

● **管理人员技能保鲜法，学习绝地武士!**

星球大战系列中尤达大师总是站在幕后做指挥。但是，有需要的时候，大师也能赤膊上阵，一起战斗。同样地，优秀的分析管理人员可能并不需要每天亲自做分析工作，但有需要的时候，他们也能亲自操刀做出最好的分析。如果员工心里知道团队领导也可以亲自动手做分析的话，团队将会一直保持警惕的心态。

怎样才能使技能保鲜，我们可以考虑每年至少将各位分析管理人员的职责变动一次，让他们可以深入业务，实际动手去做分析工作。这是一种有效的技能保鲜法，但是很难坚持。也有企业愿意采用这种做法。我知道有一家连锁饭店要求它的所有员工每年都在餐馆里工作一段时间，好理解一线发生的事情。这样每个人都会通过实际接触来获得真实的体验，我认识的那些人，他们都觉得这种每年一次的实际锻炼非常有意义。

9.6　应该由谁来做高级分析工作

有一个话题曾反复不断地在分析圈子中被讨论，假如说软件工具可以通过用户友好的界面来执行高级分析操作,那我们应不应该让那些没有经过分析训练的人来自己使用这些工具进行分析?这个话题我也曾在我的博客上谈起过。

这个问题背后隐藏的意思是,许多人都认为,拥有一个可以通过界面点选操作随意进行导航的工具,就能够很容易地实现恰当和合理地使用这个工具。如第6章所述,事实并非如此。工具的容易使用并不表示我们就可以正确地使用工具。事实上,易用性的存在让我们更容易不知不觉地做错事情。譬如说,使用通过点选界面生成 SQL 的工具可以很随意地做 Join 操作。虽然工具可以正确地拼凑 SQL 语法,但可能生成的语法根本没有任何实际含义。

作为一家企业,我们要确保使用任何工具的个体都具备适合的技能、经验和观点。虽然分析工具可以替我们节约一些编程时间,但我们自己也得理解所生成的分析才行。如果能确保新手可以提出恰当的问题,而给出答案的数据都已经格式正确地在那里等着分析,使用的算法也都是我们所熟悉的,那任何人都能成功。在拥有所有完美条件的情况下,那可真是只用点点鼠标就行了。但是,实际情况是,这种理想状态永远都不会出现。

关于如何进行分析和建模我们已经讲得够多了,这个过程远远不是单纯地点击鼠标那么简单。我们的预测行为正确吗?支撑预测结果的变量集是不是最好的?分析专家是不是有经验,是否知道事情是什么时候开始变味的?分析专家是否知道该如何处理出现的问题?正如第 7 章所述,根本不存在什么"魔术"按钮,点一下就可以进行高级分析!

我们并不是说,没有接受过太多培训或技能的新手就不会对企业产生什么价值。我们只需要确保他们没有做超出自己能力范围的事情,没有接触他们本不应该接触的领域。企业里的大部分人都是只乐意使用固定的模板或报表,顶多还会那么点儿基础即席查询。更重要的事情应该留给分析专家来完成。正规分析团队应该主要由这些专家构成。

9.6.1　前后矛盾的地方

前面几节的描述可能会让人觉得分析专家只是在防守,而不会进攻。事实上,这些观点在其他行业里已经被人们广泛地接受了。大家不理解的是,分析领域并不遵循其他领域通用的逻辑。下面我们来看一些示例,这些例子说明了为什么要确保由正确的人员和团队来进行高级分析工作。

Jane 下决心不干分析工作了，她想干营销部门的策划宣传工作。她在自己的机器上安装了营销部门使用的现代的、强大的图形和内容生成工具。她自己花了好几个小时来练习使用这些工具。因为这个工具只需要指向和点击就能编排照片、图片和文本，现在她可以轻松地创建宣传手册、图形和其他她想要的东西。她走到营销部门说："我已经在计算机上安装了你们部门所需要的所有软件，我也在线学习了所有现有的培训。我想加入你们团队，帮助你们做直邮信件、杂志广告和产品手册。我可以来这里工作吗？"Jane 肯定会被人笑掉大牙的。创作优秀的营销稿件绝不仅仅是在工具中点点鼠标那么简单。

John 决心要去公司的 CFO 团队做事，想帮助处理月底的财务月结事务。他很清楚公司用的是什么财务软件。和 Jane 一样，他参加了大量的软件培训。他径直走到财务部门说："我可以帮咱们部门完成每个月的月结项目。虽然我没有任何财务和会计的背景知识，但是我学完了内部财务软件包中的所有课程。我知道月结过程中每一步要执行哪些菜单项，我什么时候能开始工作呢？"你认为 John 能得到这份工作吗？

最后一个例子，Joe 的邻居栽了一棵大树，但他要把树砍掉，因为树已经快死了。他问 Joe 可以推荐什么服务，Joe 回答说："你不需要这方面的服务。我刚买了一个非常棒的电锯，我已经把手册一页一页地读过了，电锯也已经开齿了，随时可以使用。我就能为你提供服务，咱们一起来把树砍掉吧！"邻居会考虑这种愚蠢的建议吗？

● 别光想走轻轻松松的路

让新手来做营销活动彩页、账单月结，或者帮邻居锯树，听到这些多数人都会哑然失笑。那为什么我们还要相信，一个缺乏任何相关经验的人，只是接受过一点儿分析工具的培训就能做出准确的、高质量的分析？千万别掉到这种陷阱里。

如果要组建优秀的分析团队，我们必须牢记，高效实用的分析源自科学和艺术。就像伟大的艺术家头一次搞创作画不出优秀的作品一样，优秀的分析专家也不是一蹴而就的，他们也需要实践和经验。就像其他行业一样，大量的复杂性和细节往往并不明显，对该领域不熟悉的人们往往很难辨识出这些信息。正如我们不会选择让没有合适技能、培训和经验的人来做事一样，我们也不应该让同样缺乏技能、培训和经验的人来做高级分析工作。我们要找到第 8 章中所描述的那些具备分析所需特质的分析专家，组建我们的分析团队，而不是从其他部门找些人给个职务和头衔就来干这些事情。

9.6.2 如何帮助刚刚从事分析工作的新手茁壮成长

我们现在转向一种更积极的角度。许多人都想做高级分析工作，我们假定营销部的 Barb 就是其中一员，她已经做好准备要接手主持业务部门的分析工作。她想赢个先手，分析团队纷纷表示支持 Barb，愿意帮助她实现目标。答案并非只是把软件装到她的计算机里，再让她自己把分析鼓捣出来那么简单。

我们需要回到刚才讲过的内容，友好的分析工具可以提升我们的生产力。我在前面曾经说过，反对让不知道自己在干嘛的那些人使用分析工具，并不是说为了保护分析专家的工作，也不是要拒绝使用新技术。如果说我们的顾虑是保护分析专家的工作，人们肯定会在讨论区里灌水反对用户界面友好的分析工具，而不只是反对让错误的人员来使用这些工具。

眼界有限的人会争辩说，如果有一个 10 个人组成的分析小组，提高效率的工具可以把分析时间减少至原先的一半，这意味着小组中一半的人都要被解雇掉。我认为任何这么想的人都应该离开分析团队，因为他们不可能成为优秀的分析专家。正确的看法是 10 个人已经通过他们的工作证明了自己的存在价值。如果他们突然把手头的工作用一半时间完成了，这说明他们现在又有一半时间可以解决新的问题，并产生新的价值。现代化的、用户友好的工具只会进一步证明分析专家存在的价值，可以帮助他们提升技能，提供给他们更多的挑战机会。这是一种通赢的做法。

● 每个人都要做到最好

没有分析能力的业务人员虽然需要分析的结果，但他们不必亲自动手。分析团队的存在是要让业务人员来推动分析工作。业务人员应该把时间花到如何从上游体现分析的价值，并利用分析结果改进他们的业务管理流程。如果分析团队能够做到最好，业务团队也一定能做到最好，这样就能产生双赢的局面。

希望你已经相信，用户界面友好的分析技术本身并不是什么坏事。我们应该怎样使用这些技术呢？关键在于要设法让 Barb 达成所愿。这并不是说要让 Barb 自己动手去做脏活累活。分析团队应该和 Barb 建立起合作伙伴关系，帮助 Barb 得到她想要的分析结果，让她能运行报表，该报表是分析团队为她做出来的模型效果的汇总。Barb 的客户关系管理（CRM）套件应该体现出以客户为中心的分析结果。同时，分析结果应该供公司内部任何可以从中获益的应用使用。Barb 还可以借助工具使用分析团队为她开发出来的分析功能。她可能自己都不想亲自多做这些脏活累活。

9.7 IT 人员和分析专家为何相处不好

在组建分析团队时，我们要面对的一个大问题是分析专家和 IT 人员之间的斗争。在许多公司里，IT 人员和分析专家之间长期存在敌意。不管你信不信，以往这种紧张关系是有其符合逻辑的理由的。要想理解其中的缘由，让我们先来一起看一看 IT 人员和分析专家在公司里分别承担的角色吧！

如表 9-1 所示，分析专家入职后需要完成紧迫的工作，对公司的业务数据进行创新。分析专家需要了解新事物，并且有突破性的想法。但是 IT 人员的职责是要保证公司系统的正常运转，每个人都可以完成分内的工作。IT 部门要保证资源配置合理，并让所有的事情都在掌控之下。

表 9-1 分析专家和 IT 人员的角色

分析团队要做的事情	IT 团队要做的事情
大量使用系统资源	严格管理系统资源的使用
创建表格并使用大量的空间	限制创建表格和空间的使用
运行复杂的即席查询	使复杂的即席查询保持在最低水平
打破常规	让用户守规矩
使用新方法做试验	坚持使用正式批准的方法
在规章和约束下工作	执行规章和约束

IT 人员会和分析人员发生冲突，部分原因是因为这两个群体的目标是有本质冲突的。同一家公司聘用他们，但要他们做的事情却有优先级冲突！一个团队的工作是锁定数据、控制数据、控制资源的使用。另一个团队的工作是探索数据，

在分析流程中使用资源，做出与众不同的事情。这样都不起冲突几乎是不可能的事情。

更糟的是分析专家一般向业务部门汇报，而 IT 人员向 CIO 汇报。CEO 直接管辖两个团队，需要确保他们能融洽地协作。极少出现两个 C 级别的高管去找 CEO，要求 CEO 来解决两个团队的争端的情况。

● IT 人员和分析专家必须签署和平条约

让 IT 人员和分析专家心平气和地坐在一起，就他们的协作方式达成一致，这对我们来说很重要。两个团队和平共处，甚至彼此帮助共同发展，以现在的技术完全可以做到。最难的是让大家摒弃以往的历史偏见，否则我们就会积重难返。我们要努力争取，否则就很难组建我们理想中的分析团队。

结果是，分析专家往往会被 IT 人员看成是牛仔一样的人，自己建设自己的 IT 环境，不遵守任何规章制度。同样地，IT 人员往往会被分析专家看成是一群有控制欲的怪胎，只会控制进度，设置障碍。

好消息是以往引起敌意的很多事现在已经不再是什么问题了。我们已经在第 4 章和第 5 章里讨论过了沙箱、库内分析以及数据分析环境的融合。有了这些方面的进步，以往 IT 人员和分析专家之间的隔阂就可以轻松克服了。如果公司要组建优秀的分析团队，破除隔阂是非常重要的。

分析专家很难承认的一件事情就是他们自己也想和 IT 人员达成协议。他们根本不想自己管理一套独立的系统，除非他们觉得非要这样做不可。为什么？因为优秀的分析专家非常愿意享受自己的工作！下面我们就来探究一下。

如果分析团队自己有一套分析环境需要维护，那团队里就得有系统管理员、生产调度员等角色。分析专家每周都要运行全新的分析流程。你猜事情会怎样？他自己又要维护系统，还得监控系统的运行，他还得自己弄清楚怎样处理数据加载的变化，或者其他系统对这个过程产生了何种影响。

分析专家自己肯定不想做这些事情。更糟的是，如果分析专家自己建设了四五个，甚至六个分析流程，他们很快就会被这些维护工作弄得筋疲力尽。他不会再有时间去做新分析！这是最坏的结果。优秀的分析专家乐于将系统管理、调度、备份这些事情交给 IT 人员来做。IT 部门总会有人因为生计、乐趣或者精通此道而愿意来做这些事情的。采用这样的分配可以提高效率，大家也都会更高兴。分析团队的时间也被大大释放了出来，而不是天天想着怎样让流程跑下去。

9.8　本章小结

以下是本章的重点内容。

- 不要把时间都浪费在无休止的组织结构讨论上，先迈出招聘的第一步，找到优秀的分析专家来解决该解决的问题。

- 招聘要有选择性。成功更多靠的是组成分析团队的个体，而不是团队的组织结构。

- 市场上优秀的分析人员本来就不足。我们要做好准备，变得比以往更有侵略性，吸引合适的团队成员来加盟我们的团队。

- 大多数组织先从分布式的、职能型的分析团队组织开始。时间长了以后，可以转化成集中式的或者混合式的组织结构。

- 公司如非正式颁布法令，也应该鼓励分析团队之间跨领域交叉培训，要有意识地扩充自己的知识技能。

- 可以考虑采用矩阵式结构来做分析项目。矩阵式结构要有一个强有力的领导来监管每个项目成员的工作。

- 分析管理人员要保持自己的技能，要能像星球大战里的尤达大师那样，既可以亲自战斗，又可以管理团队。

- 易用的工具本身并没有魔力，也不可能让没有分析经验的人做出优质分析。相反，工具的存在让那些没有分析经验的人更容易犯错。

- 分析团队要支持业务合作伙伴，让他们在分析结果的帮助下取得成功。分析专家要做实际的工作，让业务部门使用分析结果变得更容易。

- 分析团队和 IT 部门要达成协议。没有人可以从关系失调中获益，特别是两类团队都需要提供支持的业务合作部门。

第四部分

整合：分析文化

第 10 章

促进分析创新

什么是创新？根据 MerriamWebster 的观点，创新是：

1．"引入新事物"；

2．"新想法、方法或设备"。

对创新的正式定义使我感到失望，因为它没有描述创新在商业领域以及在现实世界中能做些什么。如果没有创新，我们现在仍将生活在石器时代，因为只有创新才可以引发变革和进步。不幸的是，在今天的商业环境下，人们并不总能够给予创新足够的重视。

在商业领域，简单地跟随竞争对手的步伐很少能够获得成功。创新是通向成功的一把钥匙。如果一个企业坐视其竞争对手开始使用大数据，那将会出现严重的问题。当一个不打算使用大数据的企业，因为竞争对手在这方面十分努力并花费了大量成本而沾沾自喜时，问题尤为严重。也许当企业听说竞争对手已经能够处理大数据时，它们才会有足够的动力去做同样的事情。这是在玩简单的追赶游戏。行业领导者的努力都花费在获得竞争优势上，而行业追随者的努力都花费在追赶领导者上。这不是获得胜利的准则。

本章我们将回顾创新背后的一些基本原则。然后，我们将通过分析创新中心的概念，把创新应用在大数据和分析中。本章的目的是为读者提供一些实际的想法，主要关于如何在企业中更好地从事分析创新工作和驾驭大数据。

10.1　商业需要更多创新

从 2008 年至 2011 年，经济开始恶化，许多公司处在"生存模式"的状态。不直接关系到本月、本季度、本年度生存的任何事情都被摆到了不重要的位置。而实际情况是，即便是在发展较好的时候，也很少有企业会给予创新足够的重视。具有讽刺意味的是，超越竞争对手的最佳时机之一恰恰是在光景不好的时候。当竞争对手在勉强支撑时，别的公司可以在创新方面进行投资并超越其竞争对手。在光景不好的时候，现状无法让任何人感到满足。有时这会成为企业最终尝试新想法的动力。坐等老办法继续获得成功已经变得不可能，必须要尝试一些新东西，所以为什么不能有创意一点呢？

如果没有源源不断的新想法、新产品、新服务，公司将缺乏长期的竞争能力。这个观点被证明是正确的，在全球一体化、快速发展的今天尤为正确。创新是生存的钥匙，分析和数据领域的创新尤其值得关注。企业应该如何使用分析来识别可用的模式，以及这些分析如何发挥作用？分析永远是企业获得竞争优势的重要工具。第一个驾驭大数据，并能够最好地驾驭大数据，对大数据进行了全新的、具有较高影响力的分析研究的那些企业将在竞争中获得真正的领导地位。

开发消费产品的公司都有产品实验室，目的是为市场提供新的创新产品。拥有主要进行数据创新和分析的实验室也很重要。因为大数据还是一个新兴的概念，所以绝大多数公司在大数据分析领域几乎没有任何积累。但是从分析的角度来看，就像我们在第 1 章中提到的那样，与在时间推移过程中形成的其他可怕数据源相比，大数据与其并没有太大差别。现在，企业应该开始学习如何驾驭大数据。

● 从事分析创新需要付出努力

你在企业中如何进行分析创新？这需要团结一致的、全身心的努力。分析创新中的投入与产品和服务创新中的投入应该获得相同的重视程度。分析应当视为商业的支柱，而不是可选的附属品。

可以访问的、新的、庞大的数据源变得越来越多，没有人能够追赶上这些数据源的增加速度。也许只有少数工作在特定行业的分析专家才能够或多或少地了解这些新数据源。实际上，还有一些新的数据源已经蓄势待发，只是还没有开始被收集。问题是，大数据的许多特性都太新了，还无法被充分地理解和驾驭。但很快就会有人弄清楚它们了。随之而来的问题是，哪些企业将成为行业领导者，哪些企业将成为追随者？更重要的是，你的公司将做出何种选择？

10.2　传统的方法阻碍了创新

今天的企业，特别是比较大的企业，往往都有内在的官僚主义文化。官僚主义的大部分内容是长期形成的关于企业如何做事、如何不做事的方针和政策。如果想做一些新的尝试，过程往往很耗时、很痛苦。创新性地使用数据和分析时尤其如此，因为许多人还不习惯使用分析。所有的这一切都阻碍了创新。

如果企业想要调查一个新想法是否可行，这个过程通常会拖得很久。充分地论证项目需要花费很多时间，进一步实现该想法需要花费更多的时间。这是一个漫长的、不愿意承担风险的、极其常规的过程。这样的过程会涉及很多文件。如果一个人想着手研究大数据源，他需要提供以下材料：商业案例、项目计划、财务预测、人员配备计划、分析计划、应急计划、风险评估。也许还需要提供其他材料！

不过，如果你想做一些创新的事情，你应该不会了解得太多，因此不能很自信地给出通常要求的所有文件和数字。如果一种可以推动新分析的不同的数据使用方式能够被充分地理解，那么这个想法就不可能是创新的。如果不在标准化的过程之外另外建立一种机制，那么想使分析创新的项目获得批准将会非常困难。

最主要的障碍是，没法说服所有人你的想法是没有风险的。但毫无疑问，你的想法确实是有风险的。这才是重点！分析创新项目不可能没有风险。按照传统的、标准化的批准流程，新想法可能都会被否决。随着时间的推移，提出超前想法但总是被否决的员工要么离开公司，要么不再尝试新想法。如果企业不能在标准化的、无风险的审批流程之外提供另一种审批流程，那么它将难以在分析领域进行创新。

 创新需要冒险

使用大数据进行新的分析创新不可能没有风险。想让人们接受一种无法理解的新想法是一个很大的挑战。大数据源将无法被理解，在开始时不可能彻底地搞明白大数据的使用方式。但是，这并不意味着不值得冒险去搞明白它。

想象一下，在公司中，分析项目组在会议上向公司主管提出了一个新想法。他们讨论了一种以前从来没有被收集过的、新的大数据源，并表示希望开始收集数据。分析项目组不确定大数据里面有什么，他们甚至不确定公司该如何使用这些大数据，但是他们有很多想法可以去尝试。他们坚信，只要他们获得了数据，分析并理解了其中的有用信息，他们就能获得许多有价值的信息。经过一番努力，从哪里得到有价值的信息将会变得清晰。项目组需要用努力和计划来使公司主管同意对这些数据分析的投入。有没有别的办法能使这个过程更容易一些？当然有，下面我们来看几个例子。

10.3　定义分析创新

我们把分析创新定义为一种全新的、独一无二的、不限定类型的分析方法。假设企业以前从未涉足过这个领域，而且也许任何人任何地方以前都没有做过这样的事情。一个想法要想配得上创新的称谓，就必须与众不同，而不能只是对旧想法改头换面。调整现有算法的设置或者修改一些指标不能算是创新。尝试使用一种完全不同于以往的建模技术，同时还能对一些新数据源提供支持，这才是创新。

创新不是轻而易举地从现有的软件或者提供的服务中提取出的成品。那些软件和提供的服务对企业来说可能比较新颖，但是它们仍不算是创新。换言之，有的东西对企业来说可能是高度创新的方法，但如果它是一种有大量文件记载的产品或者是一种许多其他公司已经实现过的流程，那么对其的实施也不是真正的创新，而是缩小与市场的差距。

● **我们需要革新，而不是小修小补**

分析创新需要尝试一些新的、与众不同的东西。它不是在现有的过程或方法基础上进行小规模的扩展。分析创新需要着眼于分析新的数据源、解决新的问题，或两者的结合。当然，分析需要针对公司拥有很大机会的领域。

具体来说，创新不同于常见的特定问题分析。这不是说特定问题和分析的价值不大。对销量突然出现下滑的原因进行挖掘可以得到很多有价值的信息。但标准的特定需求分析应当遵循分析团队做事的常规流程。对于多数特定需求，即便它们着眼的是一个新问题，通常也不需要使用创新分析。

10.4　在创新分析中使用迭代方法

为了进行创新分析和探索大数据，使用一些不同的迭代方法是必要的，它们能更好地帮助达成目标。这些方法强调合作和灵活性。一个思路是，使一个小团队每天在一起工作，以弄清楚如何让一个想法变成现实。这个团队致力于解决那些突然出现的问题，能够根据需求灵活地改变方向、推进工作。对于一种允许创新的方法，它需要能够对反馈进行评估以便做出修正，同时能够坚持预定的计划。如果需要做出改变，但是偏离最初的计划也合理，那么这就是创新分析。

例如，一个团队开始分析一个新的大数据源。在数据内容和结构中肯定会遇到没被预料到的问题。一旦发现这些问题，团队应根据需要对计划做出调整。工作的着眼点在于，获取某种状态下的数据使其可以用于分析，而不是死板地坚持最初的计划。也有一些指标不太合理，但其他的指标已经被验证是可行的。那么，分析团队需要做出适当的改变。如果在第一阶段的最后，数据的状态已经可以用于后续的分析，那就成功了，而不用关注成功的具体步骤。

为了在准备好数据之后继续向成功迈进，需要着眼于快速构建工作原型。分析团队的目标是得到一个能证明某个想法可行的东西。原型需要有足够多的细节，以便企业认真地实施该想法时，人们可以从整体上理解该想法可能的目的。回到我们的例子，最开始使用数据的时候没必要进行完美的分析。初始的分析不需要很严谨，但初始的工作需要做得足够扎实才能体现出该方法的优点，以后有足够多的时间使分析的过程变得更加严谨。在人们认为该方法具有优点之前，不要在严谨方面花太多时间。快速的原型可以使人们接受该方法。

所有这一切的关键是短小的迭代周期和分而治之的思想。这样设计的原因是由于两个方面，一方面是可以不断地显示进展，另一方面是过程中还存在一些不确定性。每次解决一点问题有助于更方便地解决不确定性问题，也能够更好地掌握在每个步骤中了解到的新东西。

灵活一些

探索分析的创新想法时，不可能总是 100% 地理解所有内容。制订计划时不用面面俱到，项目组在起步阶段不可能解决了所有问题。因此使用一种迭代的、灵活的方法探索创新的想法非常关键。在获得更多的信息之后，可以对计划进行调整，在这个过程中也能得到一些乐趣。

在我们的例子中，分析专家对大数据进行挖掘时需要非常灵活。那些数据可能不像我们所希望的那么干净，也不像我们所期待的那么完整。这些数据可能也没有达到计划中的预期价值。这都没关系。一旦分析专家就位并开始研究数据了，他们可能会认识到计划中的几个后续步骤并不完全正确。如果他们使用的是一种灵活的、迭代的方法，并且没有死板地按照最初的项目计划开展工作，那么他们随时可以调整计划并继续前进。只要团队知道分析努力的目标和他们试图证明的结果，他们就可以确保调整后一切都能步入正轨。

10.5 考虑换个角度

退休计划是为了管理你所面临的风险。未来某一天你计划退休时，退休计划是为了确保你有足够的资产来保障你退休后的生活。如表 10-1 所示，风险投资则遵循一种完全不同的模式。在风险投资环境中进行投资时，你希望在相对较短的时间框架下获得较大的回报。同时，在风险投资模式中有一个合理的风险，就是你有可能会损失全部或大部分的投资。

这里存在着一个风险与收益的平衡。如果投资者理解他们在做什么，并且做出了适当的选择，退休计划和风险投资都是完全合理的。今天许多著名公司，特别是技术、电子商务和社会化媒体领域的著名公司，都有风险投资的支持。风险投资可以产生惊人的回报，但是与每一个像谷歌、亚马逊这样成功的案例相比，失败的公司要多得多。

表 10-1 退休计划与风险投资

退 休 计 划	风 险 投 资
选择已有的、被广泛认可的公司	选择新的、未被广泛认可的公司
平衡收益和亏损	着眼于收益而不是亏损
混合搭配几种适中的回报	"赚大钱"或者"赔老本"
严格控制波动性	波动性很大
用于退休和日常资产	不用于影响生计的资产

就像把所有的退休财产都按照风险投资的风格进行投资不够明智一样，把所有公司资源都拿来冒险或创新也是不明智的。确保公司能够生存并且能在稳步增长的过程中实现目标是很有必要的，就像人们必须实现退休目标一样。因此，必须对投向风险较大活动的资本额进行管理。但即使是退休金账户，也会有一定比例的资金投在风险较大的资产上。

● 多样化！

企业需要多样化。就像个人只把退休积蓄中的一小部分投入到风险较大的领域比较稳妥一样，企业只把人员、系统和资产中的一小部分投入到分析创新中就比较稳妥。如果在混合型的投资计划中不包含在创新方面的投资，这样的投资计划所带来的风险和过度地在创新方面进行投资的风险是差不多的。

然而，还有一个方面往往被人们忽略了。人们的退休金账户最终所面临的最大风险之一却是由于投资过于安全造成的。例如，如果退休金账户上 100% 都是政府债券，那也是有风险的，因为债券的收益也许仅仅只能抵消通货膨胀。尽管账户上的钱肯定不会减少，但可能无法达到预期的收益目标。本金可以保证不损失，但同时账户上的钱肯定无法保证我们及时退休！

面对大数据和分析时，如果公司仅仅采用安全的做法而不做其他努力，那么也将面临与退休金账户一样的风险。如果公司希望沿着当前的路线继续长期发展，那么有必要主动引入一些投资风险。建立分析创新中心就是一种很好的创新机制。

10.6　你是否为建立分析创新中心做好了准备

对大数据和高级分析都能有所帮助的一般性概念是建立一个分析创新中心。分析创新中心能推动对新想法的快速探索，能缩短想法的构思与想法的正式执行、实现之间的延迟。分析创新中心拥有监督机制和想法筛选流程。这不是一种一切都很混乱的无序状态。与常见的企业官僚主义做法相比，决策和审批的过程都大大加速了。我们来看看它的工作原理。

把概念整合起来

分析创新中心把前 9 章的概念整合到了一起。它用到了第一部分讨论到的大数据源，用到了第二部分概述的工具、过程和技术，以及第三部分概述的人和方法。建立分析创新中心是一种驾驭大数据，并对大数据进行创新分析的方法。

10.6.1　组件 1：技术平台

分析创新中心需要一个技术平台来保留并分析目标工程所需要的数据。创新中心的基础架构需要逻辑上独立并且清晰。中心的团队将需要致力于研究数据库资源、分析工具、网络带宽等。企业级数据仓库（最理想的）、分析平台或者数据集市往往是一个不错的起点。为了处理大数据源，中心还需要一个系统来辅助处理半结构化和非结构化的大数据。就像我们在第 4 章中讨论的，MapReduce 框架是满足这一需求最合适的选择。

环境需要能够访问现有平台上的数据，因为任何数据都可能需要进行分析。在此基础上，中心需要能够从新的数据源加载和分析数据。分析创新中心开展的许多工程将使用新的数据源来开展实验，然后看看能否与其他数据进行结合，以获得所需的价值。

根据已有的讨论，分析创新中心的技术实际上是非常容易理解的。从实现的角度来看，分析创新中心的基础架构就像我们在第 5 章中说到的分析沙箱一样简单。就像在企业数据仓库或数据集市中安置沙箱以便进行每日分析一样，可以在分析创新中心创建一个专用的沙箱环境。然而，为中心分配的资源应当与为每日分析沙箱分配的资源相分离。当涉及中心的 MapReduce 环境时，可以把已存在的环境留出一部分来给创新中心，或者实现一个独立的、专用的 MapReduce 环境以便顺利实现创新分析中心。

为分析创新中心创建基础架构不应该那么麻烦。为了满足企业的其他分析要求，所有的资源都已经以某种形式就位了。我们要做的只是为中心隔离出一些资源。根据库内分析和沙箱原则，不需要重新购买一整套的软件或者设备。

10.6.2　组件 2：第三方的产品和服务

分析创新中心有时需要支持第三方产品，这是因为为了有效地探索创新想法，有时需要一些额外的功能。已经存在的工具可能没有所需的算法或其他性能。例如，也许存在一种先进的建模工具，我们的团队想使用其中的一种新算法作为探索分析的一部分。这种情况下为项目购买软件或者获取试用版软件都比较合适。

在当前研究的主要领域，企业可能还需要有经验的外部顾问的帮助。没有哪家企业拥有熟悉各种技能的分析专家，处于早期开创阶段的企业尤其如此。而且内部的资源也可能没有时间对创新项目进行支持。从有经验的外部专家那里得到适当的支持，可以极大地提高创新分析取得更大成果的概率。

10.6.3　组件 3：承诺和支持

分析创新中心需要获得高层的承诺，关于使用本章前面讨论的迭代方法来研究新想法。为此，需要得到管理层的支持、指导和参与。分析创新中心必须获得管理层的支持，毕竟这是一笔很大的投资，而有些人认为它是有风险的。只有管理层可以提供所需的支持，使中心获得批准，并且对抗顽固的官僚主义作风。

中心的每一个项目都有赞助人是同样重要的。项目赞助人必须在执行过程中发挥作用，并且需要有权力、能力和意愿去执行经过验证的想法。这是很关键的，因为如果没有人捍卫该想法并确保它能够获得部署，那么即使能证明该想法有广阔的前景也没有用。没有管理层的支持和远见，项目可以取得技术上的成功，但不会产生任何积极的影响。

10.6.4　组件 4：强大的团队

分析创新中心需要有一个具备商业、IT 和分析技能的团队。分析创新中心最重要的部分就是分配给它的团队。商业资源能帮助确定问题，并考虑到实际的情况。分析资源能对数据进行挖掘，并执行所需的分析。IT 资源能管理分析创新中心使用的数据、设备和流程。

分配给分析创新中心的员工应当是企业中最优秀的员工，这一点非常关键。能够被分配到分析创新中心应该是一种荣耀，企业的员工可以轮换着到分析创新中心工作。理想情况下，应该有一批人全时工作在分析创新中心。如果出于预算限制，不能安排全时的中心工作人员，那也应该把中心的工作视为团队成员工作中的一个正式部分。如果计划把员工 20%的时间安排给分析创新中心，那就需要从他们的工作时间中正式划分出 20%的时间。如果设定的计划是团队首先把他们的其他事情都做完，然后在有时间的时候再从事分析创新中心的项目，那这个团队是不会取得成功的。他们永远也挤不出时间为分析创新中心工作，因此中心的项目不会有任何进展。

10.6.5　组件 5：创新委员会

分析创新中心的最后一个组件是创新委员会。委员会由中心的团队成员、执行负责人以及来自相关业务部门的代表组成。委员会要做的事情是对众多的想法进行审查，从中选择出值得尝试的想法。就像初创公司需要向风投公司推销自己一样，某人需要通过一个简短的陈述来说明该想法具体是什么、为什么有价值、研究计划是什么，并构建一个原型。委员会听取其陈述并提问，然后对所描述的想法进行讨论，最后决定每个想法是否值得尝试，如果值得，就把它加入项目列表。

委员会在项目开始之后还要继续对其进行监督。中间结果和遇到的问题都可以拿到委员会进行讨论。随着项目的展开，更多的事实被揭示出来，因此委员会也有可能会对项目如何进行提出一些想法。如果项目遇到大问题，委员会可以决定放弃它。我们后面会详细讨论如何处理失败。总而言之，委员会对中心发生的所有事情进行监督，并将项目团队的行为引导到最有可能产出结果的最佳想法上。

10.6.6 分析创新中心的指导原则

前面讨论过，分析创新中心需要能够自治，还需要有获得成功所需要的灵活性与资源。对于前面概述的专用环境，不管它是物理上不同的，还是仅仅从逻辑上划分的，都必须不受产品需求或流程的限制。这并不意味着分析创新中心可以占用全部的可用系统资源，而是意味着如果决定把 10%的可用系统资源给创新中心使用，那么中心运行的流程要能够使用这 10%的可用系统资源。当然，分配给中心的人员需要有专门的时间开发和实验中心的想法。为分析创新中心的项目工作不应该是日常工作之外的任务，而应该是日常工作的一部分。

在为中心制定基本规则（包括创新委员会的工作方式）时，快速的响应、最少的官僚主义和繁文缛节应该是关注的焦点。如果给中心分配了它所需要的优秀人才，那就没有必要用"繁文缛节"把他们限制得太死。繁文缛节的目的是让不诚实的人变得诚实，让不能胜任工作的人不要做错事。诚实、完全胜任工作的人不需要"繁文缛节"，因为他们很自然地就能用正确的方式做正确的事情。我们在第 8 章中讨论的优秀分析专家显然就属于这样的人。

另一条重要的指导原则是，分析创新中心应该遵循风险投资模型而不是退休金模型。它选中进行尝试的项目应该有可能获得丰厚的正收益，并且有助于推进公司的一项或多项战略计划。有些想法将会失败，这没问题，而我们希望它们能尽快失败。目标是从输家中找出一些大赢家，同时杜绝那种把失败的想法视为洪水猛兽的错误思想。

10.6.7 分析创新中心的工作范围

我们讨论过，分析创新中心致力于解决那些不太常见也不太简单的问题。如果你发现你的中心正在做常规的数据分析或者日常报表，那就赶紧停止！如果你发现你的中心正在做微小的产品改进，那就赶紧停止！如果你的中心正在全面测试一个新的应用，而目的仅仅是了解其原理，那就赶紧停止！如果你的中心正在实现一个分析流程的正式产品，那就赶紧停止！即便对于分析创新中心里面非常成功的项目，也只要做到证明所探索的概念可以应用并且能够应用就可以了。中心从设立之初就不属于长期计划的一部分。

别做不该做的事!

分析创新中心应该只用于计划之中的目的。初步的探索、集中的研究和初步的原型是分析创新中心可以处理的对象。一旦决定对原型进行大规模的、更正式的实现，那就不再是中心的业务范围了。此时，中心的资源需要转向下一个问题，并将前面的这个项目移交给实现团队。

对创新分析进行尝试的过程可以分为多个阶段。如图 10-1 所示，分析创新中心的任务什么时候终止是很明确的。过程从一个想法开始。首先，通过初始的探索把团队的思维集中到问题上。然后，转至稍微深一点的层次集中研究，实际挖掘问题的本质。这时需要开发一个原型来展示想法的原理。到这里为止，所有的工作都是在分析创新中心进行的。一旦决定为这个原型构建正式版本以便部署，项目就应该拿到中心外面去做了。一旦想法得到了验证，就应该按更传统的方式去处理，但优先级应该大大提高。

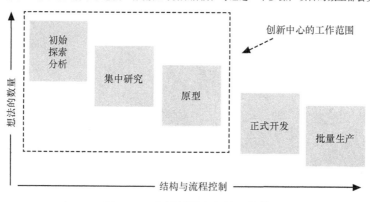

图 10-1　分析创新中心的工作范围

原型构建成功后，项目又陷入竭力避免的官僚主义中去了，这不禁又让人开始担心。然而，当决定把某个东西用于数百万美元级别的决策时，安全一点还是有必要的，而且还要确保其实现与公司的其他部署一致。分析创新中心在可以预计想法实现的时间点上设置一个快捷方式。成功的秘诀是，继续快速处理该想法，只使用必要的测试和流程改变计划以确保实现的成功。

例如，考虑一家决定对客服邮件进行分析，以识别客户情绪和产品问题的企业。最初，收集到的样本邮件被送往分析创新中心的团队。该团队使用文本分析工具的试用版开发初始的分析集合。在这一初始工作中，团队识别出了几个令人信服的结果，于是该想法获得了支持，将进行大规模的实现。

此时，实现应当在中心外部进行，它应该成为一个正式的项目。需要购买并安装文本分析软件，需要建立邮件记录数据源，还需要对原型中使用的分析方法进行改进。这些步骤不应该是创新中心的一部分。一旦论证了分析客服电子邮件这个想法有足够的价值，值得继续尝试，那么创新中心的任务就结束了。根据推测，创新中心提供的证据将加快实现的过程。由于想法得到了验证，其商业价值也清晰可见，员工们都很振奋。

需要指出的是，这些固定的工作范围有一种例外情况。考虑这样一种情况：分析创新中心创建了一种非常强大的新分析流程。它证明了一种新的大数据源会对生意有极大的帮助。它甚至能准确地知道为了对该流程进行量产还需要做什么，并且量产的计划已经准备好了。在这种情况下，把分析创新中心的范围扩大一些也是合理的。

不要犯傻地告诉业务人员你有一种全新的分析流程可以帮助他们，也不要犯傻地告诉他们在分析创新中心还有一个原型在运行。然而，开始量产之后，这个过程就会被停止。3～6 个月之后，过程会在产品环境中再次启动，此时商业用户将可以获取数据。这其实没多大意义。有意义的是，在新分析流程被正式运行的这段时间，让其在分析创新中心之外运行，这样就可以立即开始产生结果了。

要想出现前面提到的例外情况需要有很多条件。如果企业对把流程投入量产并快速完成流程不是太上心，那么中心就会变成准生产环境，这就陷入了一种危险的境地且不是好事。尤其是人们不能因为流程在创新分析中心之外运行而放松实现环节。他们一开始也许自认为可以安全地把时间投入到其他项目中去，因为至少中心的赞助人已经能够得到结果了。分析创新中心需要尽快摆脱已经验证过的想法，并转向下一个想法。与此同时，不要仅仅为了严格遵守不要跨过初始原型进入到下一阶段的规则，而让业务人员长时间地等候他们所需要的信息。

10.6.8　处理失败

在分析创新中心中，失败是无法避免的，并非每个想法都能获得好的产出。失败可以在几种不同的层次中出现，我们将讨论其中的一些类型。

第一种失败类型是一种彻底的失败。在这种情况下，每个人从一开始就能感觉到团队错误地认为某想法能够成功。也许这是一个很好的想法，但从实际来讲，考虑到所涉及的数据和商业流程，这个想法肯定不会成功。这种类型的失败会导致我们放弃相应的想法。注意，即便在这种情况下，也还是可以从数据和遇到的问题中学到许多东西。所有那些新教训都可以在未来得到补偿。失败仅仅是因为想法不能在分析创新中心中得到验证，并不意味着不能获得重要的知识。

另一种失败类型是想法目前失败了，但团队觉得该想法在未来某个时间仍然能够取得成功。也许到时候会有一些新的可用数据，或者会有一个功能更强大的系统来支持处理流程，或者公司商业模型的新变化使得流程的创新变得可行。这种类型失败会被搁置起来，等困难变小之后再做尝试。与前面一样，此时也仍然可以学到许多东西，而且所学到的东西可以立即应用到其他工作中。

最后一种失败类型是所涉及的想法其实是可行的。想法本身有其优点，公司也可以从中赚到钱。然而，获得回报的数额还不足以承担该想法所消耗的资源，或者别的项目潜在的回报率更高。在这种情况下，应当搁置或者放弃该想法。

当失败发生时，有三条原则可以帮助管理它们。第一条，对于任意给定的项目，其目标是用最少的资源验证项目是否具有潜在的价值。如果把需要花费多年时间和数百万美元的大项目分配给分析创新中心，那就违背了创建分析创新中心的初衷。中心的项目周期应该可以用两周到几个月的时间完成。如果彻底处理一个问题所需要的工作量太大，那么可以通过仔细研究其初始的、短暂的阶段来分析其他的阶段是否可行。

第二条，如果中心最近的运气不佳，那就不要处理过于庞大的项目以免无法承受失败的打击。可以通过参考职业扑克玩家来阐释这条原则。职业扑克领域的黄金法则之一就是只玩能输得起的游戏。没有哪个扑克玩家会把他（她）的所有钱一次性拿出来赌掉，原因是可能会出现牌运特别差的偶然情况，使玩家输掉一两笔大的赌注，进而输掉牌局中大部分或者全部的投入。

在我曾经参加过的一次梭哈游戏中，4 张 A 输给了同花顺。出现这种情况的概率不能说最小，但肯定是非常小了。对大多数人而言，手握 4 张 A 时，他们可能会输光所有的钱，因为他们很愿意把全部身家都押上。毕竟，当你手握 4 张 A 时，你非常期待别人免费给你送钱，他们押得越多你也会跟得越多。从统计学上讲，这样做是正确的，因为失败的概率趋向于无穷小。然而，失败还是有可能发生的。

职业扑克玩家玩牌的核心原则是，无论牌运多么差，所押的赌注都不足以使其大伤元气。一旦坏运气结束了，他们还留有足够的实力，统计概率可以确保他们最终获得一连串的好运来弥补之前的损失。在坏运气结束之前破产是最糟糕的情况。

没有经历过失败，就不能算是成功！

如果分析创新中心没有经历过失败，或者所经历的少数几次失败不够大、不够彻底，那么该中心运转得有点过于保守了。创新是一种对极限的挑战，一种冒险行为。通过研究创新分析流程失败的原因，所学到的东西不见得比从成功的分析流程中学到的东西少。

第三条，也许也是最重要的一条原则是，记住从失败中学到的东西。当失败发生时，仅仅将其视为一次失败是不可取的，它也是一次学习的经历。现在我们不仅知道为什么当初我们会假定这个失败的想法能成功，还知道它为什么不能成功。想法不能成功的原因对于未来的流程设计具有极其重要的帮助。如果我们通过一个失败的项目发现了数据中的新限制，或者发现了企业所做假设中的新问题，那么可以确保同样的问题不会再出现在其他流程中。新学到的知识对现有的和未来的工作都能产生影响。

随着时间的推移，企业引入了分析创新中心的概念并证明了其价值，那就可以增加人手和技术来扩张分析创新中心。分析创新中心实现的方式，以及驱动分析创新中心需求的原则，都可以应用于其他商业领域。并非只有分析需要它自己的创新中心，一定还有其他商业领域也有这样的需求。一旦企业取得了一个领域的创新经验，就会很容易扩展到其他领域。

10.7　本章小结

以下是本章的重点内容。

- 在分析和数据处理领域进行创新是企业发展的重点方向。

■ 分析创新需要着眼于分析新的数据源、解决新的问题或两者的结合，它不是对现有过程或方法的简单扩展。

■ 根据定义，创新性的想法具有风险，并且无法被完全理解。需要用迭代的、灵活的方法驱动创新分析，并在实践过程根据需要不断地调整计划。

■ 一定比例的公司资源应该像风险投资模型那样分配，而不是像退休金模型那样分配。建立分析创新中心是这种分配方式的一个好办法。

■ 分析创新中心应当有专门的人员、流程和技术，还需要有一个兼具多种职能的监督委员会为其指引正确的路线。

■ 被分配有分析创新中心项目的工作人员需要有正式的、被分配的项目工作时间，而不是只能用其工作之余的时间来从事分析创新中心的工作，这一点很关键。

■ 不要使分析创新中心涉及生产过程，也不要让其对验证过的原型进行完全的开发。分析创新中心的职责范围仅限于原型。

■ 只使用足够的资源来验证想法的可行性，不处理过于庞大、风险很大的工程。

■ 快速识别出分析创新中心中的失败，这样分析团队就可以继续研究其他的问题。

■ 从失败中可以学到许多东西，失败并不总是坏事。如果在失败的流程中学到的东西能广泛用于改善过去的和未来的其他流程，那这样的失败是相当有价值的。

第 11 章

营造创新和探索的文化氛围

如果你有孩子，你能说出他们生日来临时最想要的大玩具是什么吗？如果你没孩子，你能说出下一个像 iPhone 或 Wii 一样供不应求的时尚电子发明是什么吗？你能说出下一个像宠物石头一样可笑的流行趋势是什么吗？

多数人都无法回答这样的问题。这很正常，因为创新的方法在问世之前从来都不是显而易见的，显而易见的想法不可能具有创新性。如果有人经常能够预见到这样的创新，那么他（她）应该可以直接退休，去某个美丽的小岛上安度余生并坐享大笔财富了！

本章对全书的内容进行总结，并阐述如何营造创新和探索的文化氛围。我们希望通过有趣、生动的文字引起读者的思考。多数概念都比较常见，但我们仍有必要对其进行回顾，并思考如何将这些公知的原则应用于大数据和高级分析学（advanced analytics）。顺便提一下，如果你喜欢宠物石头，可以去 ThinkGeek.com 看看现代化的 USB 宠物石头！

11.1　做好准备

Silly Bandz 和 Jibbitz 是两种新近出现并迅速崛起的创新产品。为了防止你不了解它们，这里简单介绍一下：Silly Bandz 基本上是形如动物、玩具或者其他日常物品的彩色橡皮圈，孩子们喜欢佩戴、交换和收集这些东西。Silly Bandz 在我的孩子所在的学校非常流行，但是学校已经禁止他们携带 Silly Bandz 了，因为 Silly Bandz 严重分散了孩子们的注意力。Jibbitz 是附着在 Crocs 鞋孔上的小数字。低头看看孩子们的脚，如果他们穿的是 Crocs 的鞋，上面十有八九会有一些 Jibbitz。Crocs 和 Jibbitz 都是拥有全新的创新想法并付诸实践从而取得了巨大成功的例了。

这类创新不算新鲜。两千多年前，毕达哥拉斯首先提出了地球是圆形而不是方形的理论。数百年前，哥白尼指出太阳系的中心是太阳而不是地球，从而颠覆了传统认知。数十年前，爱因斯坦提出了广义相对论。

有些创新是独立存在的，有些创新则必须建立在已有创新的基础上。例如，如果没有 Crocs，那么 Jibbitz 也就毫无意义了。不管是什么样的创新，都需要有勇气构思一个疯狂的新想法，然后全身心地投入其中。对一个企业而言，为了成功地实现创新，必须营造出创新和探索的文化氛围来鼓励实验、促使员工质疑假设以及尝试改变工作方式。这并不容易实现，需要努力和专注。但如果没有这样的文化，我们的企业就会被慢慢淘汰，因为竞争会无情地夺走它的生意。

你的公司是否已经开始处理大数据并努力驾驭它？你的公司是否已经根据大数据的特点开发出了新的分析流程？你的公司是否认为把大数据与其他数据相结合能带来额外的价值？你的公司最近有没有尝试过一些"疯狂的"分析想法？如果没有创新和探索的企业文化，对上述问题做出肯定回答的概率将大大减少。

11.1.1　Crocs 和 Jibbitz 的传说

设想一下与发明 Crocs 有关的对话。一天，某人说："我有一个很好的想法！我们来做一些实心橡胶鞋吧。它们外观并不是特别好看，售价也不低，但人们还是喜欢穿着它们去池塘、施工场地等地方。此外，孩子们也会喜欢这样的鞋，因为它们即使脏了也没有关系，父母可以直接把鞋放在水管下冲洗干净。"许多公司不会有这样的想法，也不敢全力跟进这个方向。多数人都无法相信 Crocs 能取得如此巨大的成功。

再来考虑 Jibbitz。Jibbitz 的发明人有一双 Crocs 鞋，并且发现"这双 Crocs 鞋上面有许多小孔，也许我可以发明某种东西来填充这些小孔！我会做一些绘有卡通数字、标志或其他日常物品的小鞋扣来填充这些小孔。我敢打赌孩子们一定很喜欢把这些小鞋扣安在鞋子上以彰显个性。这样做能够帮助他们从操场上的四双红色 Crocs 鞋中认出自己的鞋。这种小发明最大的好处是：制造所需要的成本很低，但我们可以给每个小鞋扣定价 3 美元、4 美元，也许可以高达 5 美元。我们将能够获取暴利！"

如果换成是你，你会放弃自己的日常工作，把积蓄投到这个有风险的领域吗？不管怎样，Jibbitz 最终取得了巨大的成功。2005 年，Rich Schmelzer 和 Sheri Schmelzer 夫妇成立了一家公司销售 Jibbitz。一年后，他们以 2 000 万美元的价格把公司卖给了生产 Crocs 的公司。就这样，他们的创新成功了！

40 年前，分析领域还没有面向统计和分析的软件套件。1976 年，由北卡罗来纳州立大学赞助的 SAS 软件项目获得一定的成功之后，几名教授辞职创立了 SAS 研究所。该公司"致力于维护并进一步开发 SAS"。谁能想到它会成为资产数十亿美元的大企业，在多年来的无数分析创新活动中扮演着重要角色？

11.1.2　推动创新

思考一下 Jibbitz 的成功需要哪些要素。Schmelzer 夫妇首先需要有一个填充 Crocs 鞋孔的新想法，然后需要坚信自己能成功并全力投入。形成 Jibbitz 的概念距离真正制造出产品以及进入商店销售还很远。手握 2 000 万美元时，Schmelzer 夫妇当然不会后悔他们所选择的道路。

每个想法都会像 Jibbitz 一样奏效吗？当然不会。这就是创新的特性。你不可能每次都成功，失败没什么。但问题是，如果不尝试一些新的想法，你根本不可能获得像 Jibbitz 这样的收益。尝试不一定能成功，但为了成功必须进行尝试。Schmelzer 夫妇成功了，换成你和你的企业也会那样做吗？

● 为了成功必须尝试

并非所有的创新都会成功。尝试并不一定能成功，但如果不尝试一定不会成功。为了成功必须进行尝试！如果不努力驾驭大数据，你的企业就不可能实现对大数据的驾驭，也不会意识到大数据分析能够带来的收益。

你和你的公司最近有没有做一些与高级分析和大数据有关的创新性尝试？

员工每天、每周、每月会投入多少精力来思考新的分析方法？你的公司里谁负责营造创新与探索的文化氛围？如果不清楚负责分析创新的人是谁，那么企业很可能根本就没有实质性的分析创新。这是因为如果没有人明确负责这件事，那么也许就没有人会为此做准备并真正去实现它。你想成为企业中使用分析推动"下一件大事"发生的人吗？我们来探讨一下该怎样去做。

11.2 关键原则概述

为了营造发现的文化氛围，产生创新的分析并驾驭大数据，必须遵循以下三条关键原则。

- ■ **原则 1：打破思维定势**。这意味着突破性的创新不是简单地在现有概念之间添加联系，而是要从头开始，用新的方式做事。

- ■ **原则 2：形成连锁反应**。这意味着最理想的创新应该允许以其为基础构建其他的创新，即使事先对后续的创新没有预期或者计划。创新引发新的创新，新的创新又引发新的创新，累积下来的连锁反应大大弱化了原始创新的影响。

- ■ **原则 3：统一行动目标**。企业的领导应当设立一个共同愿景，明确目标的优先级，并为该愿景和那些优先目标设定一定的奖金。只有形成统一的行动目标，才能营造出创新和探索的文化氛围。

这些原则不是我们新提出的，但是它们很重要，值得我们不断地回味和推敲。下面我们深入探讨一下这些公知的原则以及它们在大数据和高级分析领域的应用！

11.2.1 原则 1：打破思维定势

第一条关键原则是打破思维定势。我们每个人都陷在一种思维定势里，个体、团队以及公司都是如此。也许你不会时刻感觉到这种思维定势，但它此刻就在你身边，它包括了一切你知道自己能做和不能做的事情、应该做和不应该做的事情、能办成和不能办成的事情，以及你知道自己被允许做和不被允许做的事情。你的思维定势建立在预算、经验、传统、技能、系统、数据可用性和其他许多事情的基础上。

从某种程度上讲，这些思维定势并不是有害的。它们可以帮助我们集中注意力，帮助我们搞定事情，在日常工作中帮助我们考虑重要的实际问题。但是如果你觉得这些思维定势太死板，灵活性不够，那你就遇到麻烦了。如果不能经常挑战思维定势，它们会逐渐变成巨大的阻碍。问题的关键在于确定你不是故意限制你自己和你的企业。

上一次你定义了哪些能做和哪些不能做、哪些该做和哪些不该做或者哪些能被企业接受和哪些不能被企业接受的思维定势之后，一切有什么改变吗？你上一次思考企业使用现在这种分析方法的原因是在什么时候？你上一次回顾第 7 章中讨论的优秀分析原则，以确保你的分析团队没有偏离正确轨道是在什么时候？你上一次考虑像我们在第 5 章和第 6 章中讨论的那样更新流程和方法是在什么时候？你上一次更新系统以充分利用第 4 章中讨论的当前可扩展性程度是在什么时候？

● 你上一次挑战自己的思维定势是在什么时候

根据思维定势做事不见得不好。但是，你必须经常挑战你的思维定势以确认之前的限制还在。否则，你将不必要地约束了自己。尽可能地推进到能力范围的真实边界而不是假想边界。近年来，度量分析流程的技术进步很大，许多企业甚至还没有意识到它们错过的潜在收益。

公开的分析比赛是分析领域近来的一个趋势。在这些比赛中，参赛人员如果需要可以得到一个清除了敏感信息的数据集。所需的模型、分析类型以及获胜的标准都公开张贴了出来。在比赛的最后，成绩最好的团队将赢得奖金。世界各地的专家所带来的技术有可能帮助组织者摆脱自身思维定势的束缚。由于企业外部的人员不会受到企业内部思维的限制，因此参赛人员通常很容易获得比组织者更好的结果。

为了帮助你的企业打破思维定势，你需要让员工互相提出挑战性的问题、不断验证假设，并且尽可能地推进到他们能力范围的真实边界而不是假想边界。

1. 效仿哥白尼

哥白尼是一个打破思维定势极好的例子。在 15 世纪和 16 世纪，人们普遍认为地球是太阳系的中心。哥白尼通过对已有数据的分析，认为太阳系的中心是太阳而不是地球。他的日心说是一个伟大的创新，并开辟了天文学的新纪元。哥白尼还被视为引发科技革命的关键人物。这场科技革命推翻了自古希腊以来就开始流行的理论，为建立现代科学奠定了基础。

然而，哥白尼有了想法之后，并不愿意公开发表。他明白这样创新的想法会引起很大的争议。旧理论认为地球是太阳系的中心，这是错误的。他的新理论很难被深受旧理论影响的人们所接受。

如果你的理论基础是错误的，那么由该理论所得出的结论将都没有意义。哥白尼的例子表明，即便是成功的创新也并不总是能够立即被接受的。哥白尼花了很多年的时间才将他的发现公之于众，近三个世纪以后他的理论才被完全接受。最终，他创立的正确理论取得了胜利。当然，哥白尼明白地球仍然是太阳系中的一个重要部分，只不过不是太阳系的中心而已，而说地球不是中心并不意味着地球不重要。

● 关注人，而不是工具

哥白尼指出太阳系的中心是太阳而不是地球。今天，许多企业把焦点放在技术和工具上，认为它们是取得分析成功的核心要素。事实上，成功的核心要素不是这些工具和技术，而是使用这些工具和技术的人。如果不能关注正确的模型，成功将会受到很大的限制。

商界常见的一个错误是，企业往往把数据库、软件应用程序等工具视为高级分析生态系统的中心。太多的企业喜欢强调它们如何使用最好的工具，或者为员工提供了最好的软件，或者运行着最好的数据库。这一切当然很重要，企业肯定能够从最好的工具、软件和系统中受益，因为工具和技术是企业分析创新能力的关键组成部分。

但是，使用这些技术带来商业增长的是什么？是使用它们的人及其使用方式，以及人做出的决策。我们在第 8 章和第 9 章中讨论过，使用工具、软件和系统的人才是分析生态系统的中心。企业需要确保把正确的工具交给正确的人，以获得正确的结果。如果只有最强大的系统和最复杂的工具而没有优秀的分析专家，驾驭大数据也是不可能的。

2．应用原则

今天，如果一家企业致力于创新，那么分析对它来说就是一个关键部分。最近，分析领域有一些创新。如果企业想打破思维定势、驾驭大数据，那就必须充分利用这些创新。其中一项创新是，通过库内分析技术使得第 4 章中讨论的可扩展性分析成为现实。与其他的许多创新一样，20 世纪 90 年代最初支持该创新的人们付出了很多努力。包括工业界人士在内的许多人，最初对这一概念都持怀疑和不屑的态度。

库内分析目前已经成为主流，理解这一点很重要。全球各行业的公司都已经认识到并文档化了因为支持库内分析所带来的速度改进。与传统方法的极限速度相比，运行分析流程的速度可以提高 40 倍、50 倍甚至 100 倍。这不是一种增量性质的改进，而是一种质的飞跃。今天，不使用库内分析的人简直是疯了。花几分钟的时间，你就可以用因特网搜到讨论各家公司如何借助库内分析，把分析的可扩展性提升到了一个新层次的会议纪要、文章以及正式的实例研究。一个类似的有趣故事是使用 MapReduce 进行开发，我们在第 4 章也讨论过了 MapReduce。

如果一个优秀的分析团队使用库内分析和 MapReduce，那么他们的分析流程将比原先快好几十倍，想象一下他们聚焦于分析创新的时间会比以前多多少吧。许多企业甚至直到现在还没有认识到获得这些分析结果是可能的，因此他们仍然在用老办法做事，仍然被以往的限制约束着，已经渐渐被竞争抛到了后面。根据分析的可扩展性，能做的事情比以前更多了，你的企业应该充分拓展其他的业务。

11.2.2　原则 2：形成连锁反应

如果你不能冲破思维定势去追求创新，那么形成连锁反应是不可能的。许多创新本身的影响力很大，但检测被其引发的新的创新，其影响力变得更加惊人。第二条原则是连锁反应，这是指数级的创新！

真正的创新想法常常会引起之前无法预见的其他突破，这些突破产生的影响比最初的创新还要大。创新的未来潜在影响是不可忽视的。如果不重视今天的创新，不仅会失去当前立即可见的机会，还会失去不可胜数的后续的未知机会。从长远来看，过早地否定新想法或者不重视创新所带来的损失可能比想象中要大很多。我们来看几个例子。

 指数级的机遇

创新可以引发一系列未知的其他创新，这些创新会产生比最初创新更大的影响。大数据就是一个很新的创新，其未来的连锁反应仍然是不可预见的，但肯定会引发连锁反应。不要因为今天没有着手分析大数据而错过后面连锁反应所带来的机会。

1. 从电话到因特网到社交媒体

电话彻底改变了人们的通信方式，对社会也产生了巨大的影响。遍布全球的电话线的作用只有一个，那就是使两个人能够拿起话筒来就可以进行交谈。在布电话线的时候，人们还没有更宏伟的愿景。如果除了方便交谈之外没有其他的需求，电话现在应该仍是历史上最有影响力的发明之一。

然而，最终有人发现了同样的这些线可以传输数据。最初传送的是类似传真的简单数据，而最终调制解调器的使用开始变得广泛。这些老式的电话线使人们能够访问早期的因特网。如果没有巨大的访问流量，因特网也许根本就不会存在，至少不会发展得这么快。巨大的访问流量导致因特网产生了扩张需求。所有这一切都是从那些简单、技术含量低的电话线开始的。因特网是连锁反应的一个实例，它是电话连锁反应的产物。刚开始布电话线的时候，没有人能够想到那些线以后会发展出什么新用途，但它们的新用途最终使用得相当广泛。这就是所谓的连锁反应。

 从电话到社会化媒体到分析

电话是通信的革新。电话线后来在因特网的兴起中扮演了非常重要的角色。因特网又进一步派生出了社交媒体，后者再次革新了我们的通信方式。想象一下，如果当初没有那些电话线，我们今天的生活会多么不同！

电话的连锁反应产生了因特网，因特网的连锁反应使其自身得到了巨大的发展。甚至在 20 世纪 90 年代中期，也很少有人能想象到因特网带来的所有这些创新。其中一个连锁反应是电子商务的爆发，包括 Amazon、eBay、craigslist 等打破传统商业模式公司的崛起。近期的另一个连锁反应是 LinkedIn 和 Facebook 等社交网络站点的兴起，它们提供了全新的通信和社交方式。令人啼笑皆非的是，电话革新了我们的通信方式，然后电话线促成了因特网的兴起，接着因特网通过社交媒体再次革新了我们的通信方式。

其他连锁反应的例子也包括了多人联网游戏，该游戏允许玩家与全球的其他玩家在虚拟世界中实时交互。另一个例子是具有 GPS 功能的手机，它能够告诉你当前位置方圆 1 公里之内有哪些中餐馆，并能够立即进行预订。下一个是什么呢？现在已经有人在考虑了。

因特网生成的数据已经彻底改变了分析，以后还将继续改变。正如第 2 章中所讨论的，对网络行为的分析越来越多，并且我们已经从中获益。对社交媒体评论的分析是因特网孕育出的另一个新分析方法。因特网使用户获益良多，它所生成的数据对分析的研究方式和过程的建立也有着巨大的影响。100 多年前刚刚开始布电话线时，没有人能够想到可以对社交媒体网站的评论进行文本分析，但这个时代已经到来。

2．社交网络分析

近年来分析创新中还有一种连锁反应，那就是在电信公司中兴起的社交网络分析。它改变了管理客户的方式，我们在第 3 章中讨论过这一点。多年来，电信公司收集了每个客户每次通话的详细信息。收集这一信息的主要目的是什么？为了计费。没有比这更有趣的了，时隔多年，这一数据还可以用于计费之外的各种分析。

随着计算能力的提高和库内分析技术的兴起，电信公司开始认真研究每个客户拥有的联系人网络。哪些客户处于相互通话的一个大圈子之中？哪些客户只在亲近的亲属间这样很小的范围内通话？这样的分析不仅从社交动态的角度看是有意义的，而且还可以用于提高维系和发展客户的有效性。

为什么能这样做呢？实践表明，一旦一个圈子中的关键成员"叛逃"成为另一家公司的客户，圈子里面的其他成员发生"叛逃"的可能性会非常大，因为他们会追随以前的领导者。了解客户的完整影响力而不仅仅是他（她）的个体价值，有助于帮助公司确定需要花费多大的精力来挖掘、维系以及奖励某一个客户。及早与存在风险的圈子中的成员进行接触，有助于避免一连串客户流失的现象。为了留住大圈子中的客户，可以给出比基于他们个人消费水平的担保更加优惠的条件。这样的分析在分析专家了解可扩展性之前并不可行，它是收集用于计费的通话详细记录所引起的连锁反应。

3．应用原则

现在的问题变成了，企业怎样才能形成自己的连锁反应？一旦你的企业拥有了能够帮助打破思维定势的库内分析、MapReduce 和大数据，那就可以考虑引发连锁反应了。这种连锁反应是由最初的库内分析引发的。

● 形成自己的连锁反应

当企业开始成功地营造出创新和探索的文化氛围时，创新的步伐会加大。另一个好处是，根据以往的创新经验，识别连锁反应的能力会增强。今天收集的大数据源，或者明天将要建立的分析流程，都很可能在未来产生很大的影响。

库内分析和 MapReduce 的创新引起了分析创新的连锁反应，但这一切才刚刚开始。由于这些方法提供了额外的空间和层级，还有哪些以前不能做但现在可以做的事情呢？由于具有了驾驭新的大数据源的能力，现在可以使用什么样的新分析？企业不应该把目光停在提升速度上，还要开始寻找以前不能使用而现在可以使用的新分析，并重新定义思维定势的约束。

随着数据源、分析方法和可扩展性的日益成熟，连锁反应开始跨行业产生影响。零售商启动忠诚度计划对老客户进行回馈，产生的数据使商店从以产品为中心转向以客户为中心。信用积分背后的数据和分析则彻底改变了金融业。信用模型的精度和可用数据的有效性发现了每种类型的客户可选的金融产品与服务范围都较为稳定。针对客服对话的文本分析才刚刚开始影响很多行业。无论是数据、分析数据的工具还是所需的可扩展性系统，都是直到最近才变得可用。

如果只是模仿头号竞争对手们成功做过的事情，企业将无法在竞争中胜出。应该做没有人做过的事情，做的时候不仅要考虑短期的影响，还要兼顾未来可能引发的连锁反应。如果大数据现在能提高工作效率，想象一下一旦连锁反应被触发，工作效率将会有多高。

11.2.3　原则 3：统一行动目标

为了促使企业打破思维定势并有效地形成连锁反应，管理层必须统一全体工作人员的行动目标，这是第三条原则。没有统一的目标，企业将无法取得成功。

这一条在许多商业文件中都被视为普遍性的成功因素，也适用于高级分析和大数据。行动目标需要在整个组织、每个部门以及每个团队内进行统一。为了统一行动目标，必须遵循以下步骤。

步骤 1：企业必须在内部共享一个共同的愿景，并告知努力的方向。

步骤 2：企业必须非常清楚，为了达成该愿景，哪些目标需要优先。

步骤 3：企业的员工必须理解实现目标后自己所能获得的回报。

确定正确的目标不容易，在企业内部推广愿景也并非易事，使企业确定一个新的优先目标并为之奋斗更不容易。改变团队和个人的思维与行为方式不是一朝一夕能完成的，有很多必须克服的困难。营造创新和探索的文化氛围需要付出努力，最后，成功时发放的奖金才可能很多。

1. 设立共同的愿景

为什么团队有一个共享的共同愿景，并理解愿景的由来很重要呢？想象有两个忙着浇筑新房地基的工人，他们相互问道："你在干什么？"第一个人回答："我在用水泥浇筑这些模子来建造一堵承重墙。"第二个人回答："我在盖房子。"

为什么答案很重要？当一天结束后，他们只建成了一堵承重墙，对吧？既然一天结束后他们都完成了砌墙工作，那我们为什么还要那么在意他们是如何看待工作任务的呢？这是因为，如果没有较大的愿景，就不可能实现成功的创新，就会导致许多人"每天砌一堵墙"。

在我们的例子中，认为他自己只是在一个地方砌墙的那个人缺乏较大的愿景，他不知道为什么砌这堵墙很重要，也不知道这堵墙将如何融入整个房子中。第二个人有着较大的愿景，在处理无法避免和预期的问题时会做得更好。他能够确保他被迫对计划做出的任何调整不仅仅是为了在某一天某个地方砌了一堵墙，而是砌了一堵墙在某个地方，并可以在其基础上盖一座房子。绝对有必要花时间确认人们不仅理解了今天的具体任务，而且明白那些任务如何融入更大的愿景中。

上面浇筑房子地基的例子中涉及的原则也适用于做分析。分析专家经常需要在没有太多指导和看法时进行分析。分析专家快速运行了一串数字，得到了一个详细的分析和一些非常合理有效的结果。不幸的是，最初提出分析需求的那个人认为这根本不是他所需要的结果。原因通常在于，分析专家被给予的是具体的任务，而不是所需结果的愿景。分析专家只能严格按照对方的要求去做，因为不知道对方到底需要什么、为什么需要。著名作家和演讲家 Stephen Covey 写过《高效能人士的七个习惯》一书，其中一个习惯就是"从一开始就把结果放在心上"。

● 必须告诉分析专家你的愿景

如果企业想成功地驾驭大数据，它的分析专家需要有一个前进方向的愿景。否则，就会产生许多有趣的分析，但对生意却毫无帮助。分析专家不应该被按周分配分析任务，而应该被提供一个长期的工作愿景。

驾驭大数据的第一个步骤不应该是简单地让分析专家解决现有的问题。计划中当然可以包含一些无限制的探索，但不能只包含这些。讨论数据的用途和可能对生意会有什么帮助也很重要。新数据可能会对哪些具体领域有所帮助？它可能会改变哪些决策？理解这些问题将有助于帮助分析专家确定正确的方向。

例如，第 3 章中讨论的不能让分析专家没有限制地分析视频游戏遥测数据。首先应该讨论的是游戏中很重要的微型交易类型，然后应当告诉分析专家可以对玩家最喜爱游戏的哪些部分进行研究，还应该评论一下怎样做有可能获得更好的或者不同的商业效果。这样的附加观点和愿景将大大加快分析专家获得业务人员所需结果的速度。

你的企业文化是让员工觉得自己在特定的地点砌墙呢，还是让他们觉得自己在盖房子呢？人们是被鼓励提问并理解愿景，还是被鼓励去完成分配的任务呢？你的团队中谁更像是在砌墙而不是在盖房子？为了使团队能做所需要做的事情，需要做出什么改变吗？

2. 制定明确的优先目标

企业成功不可或缺的另一个要素是对优先目标的明确理解。如前所述，第一步是定义愿景，明确努力的方向。接下来就需要制定明确的优先目标，来说明如何达成愿景。优先目标的选择对团队为达成愿景所采用的战略和战术有非常大的影响。例如，优先目标是成为行业内最大的公司？或者是拥有很高的客户满意度，建立强大的客户基础？或者是获得最高的利润率？或者是获得最低的损耗率？

不同的优先目标所需要的战略不同，产生的结果也不同，如客户数量、客户价值、总收入、利润等。这当然也会彻底改变所需分析的焦点和范围。考虑到营造创新和探索的文化氛围所需的资源和时间，企业需要确保每个人都盯着同一个目标，并且从一开始就向着同样的优先目标前进。

同事有个朋友所开的一家餐馆提供的优惠时段策略非常成功。人们可以在优惠时段来购买便宜的饮料，但除了把餐馆用作购买便宜饮料的地点之外，优惠时段与餐馆并无其他联系。如果在同一条街上出现了拥有更便宜的饮料和更新潮室内装修的另一家酒吧，会出现什么情况？餐馆的主人会开始怀疑自己的优先目标是不是正确。

餐馆老板做了一个实验。他为任何顾客举办免费的生日派对，每场生日派对为寿星和最多 10 名宾客提供免费的食物和饮料。但是有一个条件！过生日的男孩或者女孩必须加入餐馆在 Facebook 上的粉丝俱乐部，并至少要介绍一定数量的朋友加入该粉丝俱乐部。此外，过生日的男孩或者女孩必须提供餐馆之前没有的、一定数量朋友的姓名和电子邮件地址。

这个想法取得了巨大的成功。参加过生日派对的人都希望在这里举办他们自己的生日派对。同时，餐馆的联系人数据库呈指数级别增长。最终，餐馆主人停止了饮料的优惠时段，专心提供生日派对服务。他希望拥有一批因为他的独有服务而自愿留下的忠实客户，而不再简单地希望通过便宜的饮料来拉拢一大群人。

如果没有电子邮件和 Facebook，这个例子就不可行了，因为它是上述创新连锁反应的产物。餐馆主人打破了他自己的思维定势，为自己确立了新的目标并为之努力。他的竞争对手仍然月复一月地销售饮料。他把精力集中在获取忠实客户的基础上，客户每年都会增加，因为人们每年都要过生日。优先目标的改变使他选择了一个非常不同的方向，但也引领他走向了成功。

在什么方面成为最好

许多企业希望在它们的领域内做到最好。但"最好"应该怎样定义呢？定义"最好"的方式很多，搞清楚其定义很重要。接下来，必须明确为了成为所定义的最好，需要制定哪些优先目标，否则就无法持续努力，成功也变得艰难。根据成为最好的目标衡量标准和任务的不同，所需的分析也应该有所改变。

类似地，每个企业都需要检查其优先目标。假设某个企业决定对客服电子邮件和社会媒体评论进行文本分析。最关键的待解决问题是什么？理解评论中的大众观点是优先目标吗？识别出需要注意的特定个体是优先目标吗？识别出产品被讨论的频率趋势是优先目标吗？文本分析有许多不同的方向，如果没有明确的优先目标文本分析将很难成功。

3．为愿景和优先目标绑定奖金

确保团队知道自己的薪酬至关重要。收入水平对工作有着或好或坏的巨大影响。企业需要确保团队驱动分析创新后会得到奖金和升职，否则很难产生创新。同时，要意识到奖金方案真的会对创新所需的行为产生影响，弄得不好会造成工作的不连贯，进而导致完全无法预测或者不希望看到的后果。

前不久，一家大型连锁杂货店与一家大型软饮料厂商合作发起了一次大规模促销活动。商店经理们被告知他们将根据折扣期间店铺中软饮料的销量获得奖金。其中有一家店铺售出的软饮料数量多得惊人，远远超出了连锁店的其他任何店铺，有人决定调查一下这家店铺业绩这么好的原因。

猜猜我们从中了解到了什么？销量最好的这家店铺的经理跟本地一些有竞争关系的商店经理是朋友关系。具有讽刺意味的是，由于是亏本出售，他卖出的价格比有竞争关系的商店进货的价格还要低。最终的结果是，这个经理实际上在码头成批的把饮料卖给了竞争对手！当然，这些销量对他的雇主来说是一种损失，但是使他在连锁店的竞争中获胜了。这听起来很疯狂，不是吗？

⬤ 人们会根据激励做事

如果采取的激励政策不合理，当雇员通过意料之外的方式获得这些激励时企业没有理由发飙。一些最优秀、最具有创新性的雇员可能会通过意料之外的行为获得他们的奖金。请确保你的激励政策能针对正确的问题引发正确类型的分析创新，而不是凭空想出的新分析方法。

软饮料例子中的那个商店经理不诚实吗？这真的很难说。他也许不诚实，但未必真的如此。这个经理被告知他的优先任务是销售尽可能多的软饮料。如果他从字面上理解这一目标，并且没人给他更大的愿景，那么他就不一定是不诚实了，相反他实际上非常有创意，因为他发现了一种能使软饮料销量高于其他任何人的创新方法。

可以说，这名商店经理正是企业所需要的那种雇员。他专注于自己的目标，他在达成目标的过程中展现出了相当的创意，他击败了所有其他对手。连锁店管理层碰巧设定了一种场景，使他受到激励做了一件不合理的事情。一旦这名雇员的能力和创意被更合理的激励所引导，他很可能会形成很大的正面影响。

在分析领域，根据产出模型的数量提供奖金可能会导致出现许多完全没用的模型。最好能根据模型的影响提供奖金。模型构建得越好，奖金越多。质量的优先级应高于数量。如果为在新的大数据源中寻找机会而提供奖金，不要局限于企业所研究的领域。也许许多原始的分析想法都不够理想，但在其他一些项目中，这些想法的效果还不错。奖金应该基于发现的价值，而不是发现的某个具体问题的价值。否则，分析专家也许会花过多的时间在低价值的问题上以便获取奖金。

4. 应用原则

你的企业需要对设立的愿景、优先目标和激励进行检查，并不断地重复检查和验证以确保它们是恰当的、彼此一致的。根据一时的兴致改变方向是不可取的。然而，如果愿景、优先目标或者奖金方案不合理，情况跟当初没有这些东西将一样糟糕。孤注一掷不是一个好办法，就算整个团队一致认为应该这么干也是如此！

回到库内分析和 MapReduce 的例子，假定有一家企业决定使用它们来提高分析能力并驾驭大数据。首先应该做什么？分析团队应当把分析挪到数据库中，并在已经确定的日期之前实现 MapReduce 环境。还需要建立一个如何改进企业的分析流程使其能处理大数据的愿景。应该设立一些明确的优先目标告知哪些领域应该被首先关注。然后把任务和奖金绑定起来以实现愿景，团队就能够按计划行事了。

你的企业需要分析团队提供一些不同的、创新性的、之前从未尝试过的分析方法，这些方法应该是在现有分析思维定势下所没有的。然后你将看到一些结果。但是如果这只是一种建议、一种需求、一种愿望，那么它就不可能实现了。企业必须统一行动目标才能获得成功。

11.3　本章小结

以下是本章的重点内容。

- 如果不努力驾驭大数据，你的企业是不可能征服它的。为了成功必须进行尝试！对大数据尝试使用新的分析方法吧！

■ 有三条广为应用的原则，它们也同样适用于高级分析和大数据。它们是：（1）打破思维定势；（2）形成连锁反应；（3）统一行动目标。

■ 根据思维定势做事不见得不好。但是，你必须经常挑战你的思维定势以确认之前的限制，这样才能避免不必要地约束了自己。

■ 成功分析的关键不是工具和技术本身，使用这些工具和技术的人才是取得成功的核心要素。

■ 大数据是一个很新的创新，其未来的连锁反应仍然是不可预见的。不要因为今天没有着手分析大数据而错过后面连锁反应所带来的机会。

■ 不要把目光集中在提升速度上，还要开始寻找以前不能使用而现在可以使用的新分析。

■ 对分析专家不应该按周分配分析任务，而应该提供长期的工作愿景。这将使他们能够把精力更多地集中在目标上。

■ 为目标设定优先级对为达成愿景所采用的战略和战术有非常大的影响。确保在分析开始之前已经有了明确的优先目标。

■ 为获得正确的结果可设定一些激励政策。最好能根据产出模型的影响而不是模型的数量提供奖金。

■ 开始行动吧，共同营造创新和探索的文化氛围！你的企业需要有人领导大家从事创新分析研究并驾驭大数据。这个人难道不应该是你吗？

结论：再敢想一些

你终于看完了这本书！现在，你了解了大数据是什么，知道驾驭大数据所需的工具、流程和方法。你了解了如何做一个优质分析，明白了执行一个优质分析所需的人员和团队。你还了解了如何通过分析创新中心和创新探索的企业文化来激发分析创新能力。

在我们阐述驾驭大数据浪潮的过程中，我们介绍了许多理论，以及如何应用这些理论来改进企业的分析和业务。不管你拥有何种背景，我们都希望你通过阅读本书学习到了许多有用的知识，并能将所学知识应用到你的企业中。

最后，再强调一些关键内容，以及你可以采取的措施。

- 大数据是真实的，它就在你身边。既不要忽视大数据，也不要害怕它。将大数据整合到你的企业数据中，并制定包含大数据的企业分析战略。通过使用大数据来获得企业的竞争优势。

- 分析的可扩展性比从前更加重要。确保你的企业升级了这些最常用的技术，包括库内分析、MapReduce以及云计算。

- 你需要新的分析流程。使用分析沙箱、企业分析数据集以及嵌入式评分等工具来获得具有更快、更好扩展性的高级分析流程。

- 实施新的分析技术，如文本分析、组合模型分析以及简易模型分析等。对于新的大数据源，不能再使用传统的分析技术。

- 驾驭大数据需要拥有合适技能的分析专家。一个伟大的分析专家，不管他们是叫作分析专家还是数据科学家，都必须拥有以下技能：承诺、创造力、商业头脑、演讲能力以及直觉。你需要招聘拥有这些特质的人。

- 分析团队有多种组织形式，关键在于确保做决策的人能够获得他所需要的信息。

- 创建一个分析创新中心将帮助你驾驭大数据，并创造出一种创新发现的企业文化。这些会使驾驭大数据的过程变得更加得心应手。

让数据说话，让数据驱动决策，这些观点已经被人们普遍接受了。可以驱动决策的数据源和高级分析方法越来越多，大数据就是这样一种新数据源，其实它一点儿也不可怕。企业需要立刻行动起来，没有任何理由可以拖延开始使用大数据的时间。驾驭大数据确实有一些困难，有些人或许会抗拒变革，但从现在开始驾驭大数据是完全可行的。不管是文本数据、网络日志还是传感器数据，已经有不少企业开始捕获这些数据来进行分析，并以此来提升决策能力。

那些下决心成为大数据应用领导者的企业将发现新的商业机会，并实施新的业务流程，而那些跟随领导者步伐的企业还没意识到发生了什么事情。你可以作为开拓者进入某个数据分析领域，这种机会其实并不常见。大数据给了企业这种机会，不要让你面前的这个机会跑掉！现在就开始尝试使用大数据进行分析，这将改变企业的业务运营方式。你一定会获得丰厚的回报！你还在等什么？